\きづく！/ \つながる！/
機械工学

窪田 佳寛・吉野 隆・望月 修 著

朝倉書店

執筆者一覧

窪田佳寛（くぼた よしひろ）　東洋大学理工学部准教授

吉野　隆（よしの たかし）　東洋大学理工学部教授

望月　修（もちづき おさむ）　東洋大学理工学部教授

は じ め に

　機械工学では材料力学，機械力学，流体力学，熱力学の四力学は必修科目である．これらはものづくりのための基礎に位置づけられているからである．そのため，それらに関連する教科書は数多く存在する．ところが，これらを修得しても，いざ，ものづくりのための設計をしようとした途端に，何をどうしたらよいのか，どこに習ったことを使えばよいのか，図面をどう描いて作りたいことを伝えればよいのか，どういった材料をどのくらいの厚みでどのように接続すればよいのか，などなど，まったく手も足も出ないのである．習ったことをものづくりに使えないのである．

　実際，学生たちにものづくりをした経験を問うと，彼らは必ず子供の頃にプラモデルを作ったことがありますと答える．ものづくりの代表がプラモデルという与えられた部品を組み立てることになってしまっている．機械の仕組みを知りたくて分解し学んだ経験が減り，与えられた形を作るという技術がものづくりだと認識しているのである．「作る」と「創る」は違うのである．これから機械工学を学ぶ学生には，多様化した社会で省エネルギーを考えまた地球に優しいものづくりと人間の生活を考えて，機械工学で何を目指し，何を創っていくのかという目標を立てる必要がある．未来の社会に貢献するものづくりとは何かを設定し，知識をどのように使うとそれを達成できるのかといったことを，自ら考える気づきを与えることが機械工学を学ぶ意欲につながると筆者らは考えている．

　カリキュラムにおいても機械工学の体系全体を見通した勉強を低学年のうちにして欲しいということから，「機械工学概論」などと題し機械工学で学ぶ基礎四力学を解説する授業を行うことが多い．ところがこの機械工学概論は四力の専門家がそれぞれの分野を担当して1つの教科書にまとめている場合が多い．そのために，あたかも4つの専門科目を束ねたような構成となっている．しかも，授業においては他の専門分野を解説するのは難しいために何人かの教員で

オムニバス形式の授業となる．結局，四力学を短い時間で解説するだけとなることが多い．学生にとっては二度それぞれの専門科目を，時間を隔てて受講することになる．これでは概論という授業が何のためにあったのか，意味が薄れることになりかねない．近年の機械工学を考えてみても，社会の要求もしくは状況によって求められる技術は年々変化してきている．たとえば，これまでは内燃エンジンで動かす車作りを対象としてきたが，エネルギー事情，地球温暖化といった環境変化，運転者の高齢化による運転ミスなどの問題が深刻化している．これによって，エンジンの代わりにモーターで動かす電気自動車，車の完全自動運転化といった10年前では夢物語だったものが現実味を帯びてきている．このために，充電池開発，それに伴うインフラ開発が必要とされ，電気やセンサといったロボット技術，情報工学を学ばないと開発に対応できなくなってきている．対応するためにこれまでの機械工学の分野以外にも幅広くいろいろ勉強しておかねばならない時代になっている．そのため時間も限られているので，いかに幅広く紹介したいと思っても限界があり，概論で授業を行うしかないのが現状である．そこで著者たちは，いろいろな分野をつなぐようなものが必要であると考え，本書を企画し執筆した．

　本書は，高専および大学でこれから機械工学に携わっていこうという低学年の学生に，学問分野間の関連を知ってもらうために書かれている．また各章はそれぞれ完結した構成となっているが，内容には四力学だけではなく，数学，物理，力学などいろいろな基礎学問，応用分野や技術を取り入れ，それらの組合せおよび用い方がわかるように書かれている．1つの機械ですべてのことを行うのではなく，異なる機能を持つ機械同士がネットワークでつながることによって1つの機械では到底なしえないことができる可能性がある．なお，ここに書かれたことは1つの例にすぎないが，従来の機械工学とはちょっと違う見方があるのだということに気づくその助けになればと考えている．

　本書を手に取った読者からこれからの社会を担っていく人が多く出ることを期待する．

2018年1月

窪田佳寛，吉野　隆，望月　修

目　　次

1　運動を表す　……………………………………………………………………… 1
1.1　剛体の運動方程式（運動力学）　*1*／1.2　動力（パワー）　*9*／1.3　軸仕事　*10*

2　エネルギーから仕事を取り出す　…………………………………………… 14
2.1　日本のエネルギー事情　*14*／2.2　熱　*15*／2.3　内部エネルギーとエンタルピー　*19*／2.4　仕事を取り出すには　*20*

3　熱の伝わり方　…………………………………………………………………… 25
3.1　熱伝導方程式　*25*／3.2　熱伝導方程式の解　*27*／3.3　フーリエ級数　*29*／3.4　境界条件　*30*／3.5　高次元の場合　*31*

4　風と水流の利用　………………………………………………………………… 34
4.1　流体とは　*34*／4.2　質量保存則　*34*／4.3　表面張力　*36*／4.4　圧力と圧力差による力　*38*

5　物体周りの流れ　………………………………………………………………… 43
5.1　流線型　*43*／5.2　円柱　*44*／5.3　球体　*46*／5.4　車周りの流れ　*49*

6　微小世界での現象　……………………………………………………………… 55
6.1　低レイノルズ数流れ　*55*／6.2　球の周りのストークス流れの応用　*57*／6.3　多孔質流れ　*59*／6.4　マクロに見られるミクロな現象（ブラウン運動）　*59*

7　流れの力を制御　………………………………………………………………… 64
7.1　相似則　*64*／7.2　数値解析　*65*／7.3　離散化　*67*

8 ネットワーク ……………………………………………………………… 74
8.1 自然界や人工物のネットワークの形と役割 *74* / 8.2 ネットワークの基本的な特徴 *76* / 8.3 ネットワークの形と特徴 *78* / 8.4 ネットワークの活用 *80* / 8.5 ネットワークの評価 *81*

9 情報の活用 ……………………………………………………………… 85
9.1 データ処理 *85* / 9.2 AI *91* / 9.3 ビッグデータ処理 *94*

10 構造体の強さ …………………………………………………………… 95
10.1 せん断力と曲げモーメント *96* / 10.2 梁の曲げによる変形 *98* / 10.3 棒のねじり *102*

11 工場の流れを作る …………………………………………………… 104
11.1 工場のものづくりと流れ *104* / 11.2 生産システムの技術 *106* / 11.3 生産システムの形 *110* / 11.4 これからの生産システム *111*

12 音の発生 ……………………………………………………………… 115
12.1 音源としての流れ要素 *115* / 12.2 いろいろな音 *116* / 12.3 水に関わる音 *121*

13 揺れの制御 …………………………………………………………… 125
13.1 粘性減衰系の自由振動 *125* / 13.2 揺らす(強制振動) *127* / 13.3 加振力が伝わらないようにするために *129* / 13.4 電気等価回路 *132*

14 最適化問題 …………………………………………………………… 134
14.1 最適化問題とは *134* / 14.2 微分による最適化(主に最小自乗法) *135* / 14.3 最急勾配法 *137* / 14.4 焼きなまし法とネットワークの最適化 *138*

15 計測 …………………………………………………………………… 143
15.1 計測とは *143* / 15.2 速度の計測 *143* / 15.3 圧力の計測 *148* / 15.4 アナログデータのデジタル化 *150*

参考文献 153 / **索引** 154

1 運動を表す

1.1 剛体の運動方程式（運動力学）

　図1.1に示すような容易には変形しない物体（剛体）の運動にはある方向に進む並進運動と，ある点を中心に回転する回転運動，およびそれらが組み合わされた運動がある．

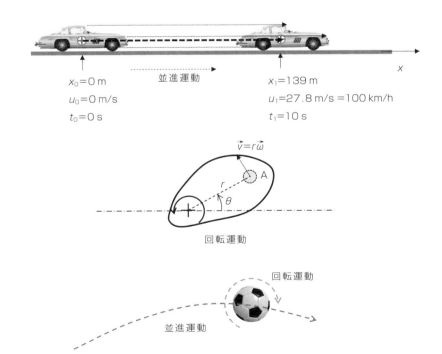

図1.1　並進運動と回転運動

▌並進運動

図 1.1 に示す車がある時間内にある距離を移動すると，図内の点線の矢印で示すように車の各部分も同じ方向に同じ距離だけ移動する．これは車が走っている間に変形しないからである．これを**剛体**（rigid body）といい，各部分の移動を重心の移動で代表させてもよいことになる．**位置**（position），**速度**（velocity），**加速度**（acceleration）というのは大きさと方向をもつベクトルで表されるものである．このため，表 1.1 に示すように，それらを表す変数の頭に矢印を付けて，$\vec{x}, \vec{u}, \vec{a}$ のように表す．さて，図 1.1 の x 方向の並進運動について考えてみると，各ベクトルを大きさだけで表せる．すなわち，位置，速度，加速度はそれぞれ x, u, a と書ける．車が移動することによってこれらは時々刻々変化するので，時間 t によって変化する．このことを時間の関数であるという．このことがわかるように位置，速度，加速度に添字を付けて時間の違いによる値の違いを表す．例えば時刻 $t=0$ 秒のときの位置を x_0，時刻 $t=1$ 秒のときのものを x_1 と表す．

表 1.1 並進運動と回転運動の表現の比較

	並進運動		回転運動	
位置 [m]		$\vec{x}$	角度 [rad]	$\vec{\theta}$
速度 [m/s]		$\vec{u} = \dfrac{d\vec{x}}{dt}$	角速度 [rad/s]	$\vec{\omega} = \dfrac{d\vec{\theta}}{dt}$
加速度 [m/s^2]		$\vec{a} = \dfrac{d\vec{u}}{dt} = \dfrac{d^2\vec{x}}{dt^2}$	角加速度 [rad/s^2]	$\vec{\alpha} = \dfrac{d\vec{\omega}}{dt} = \dfrac{d^2\vec{\theta}}{dt^2}$
質量 [kg]		m	慣性モーメント [kg·m^2]	I
運動量 [kg·m/s = N·s]		$\vec{p} = m\vec{u}$	角運動量 [N·s·m]	$\vec{L} = \vec{r} \times \vec{p} = I\vec{\omega}$
力 [kg·m/s^2 = N]		$\dfrac{d\vec{p}}{dt} = \vec{F}$	力のモーメント [N·m]	$\dfrac{d\vec{L}}{dt} = \vec{N} = \vec{r} \times \vec{F}$
運動エネルギー [J]		$K = \dfrac{1}{2}mu^2$		$\dfrac{1}{2}I\omega^2$
仕事 [J]		$W = \vec{F} \cdot \Delta\vec{x}$		$\vec{N} \cdot \Delta\vec{x}$
仕事率（パワー）[J/s = W]		$P = \dfrac{dW}{dt} = \vec{F} \cdot \vec{v}$		$\vec{N} \cdot \vec{\omega}$
運動方程式 [N]		$m\dfrac{d\vec{u}}{dt} = \vec{F}$		$I\dfrac{d\vec{\omega}}{dt} = \vec{N}$

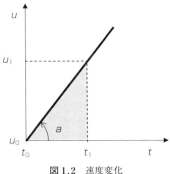
図 1.2 速度変化

さて,速度が図 1.2 に示すように直線的に増加する場合,速度は時間の 1 次関数として $u = at + u_0$ と表される.係数の a は直線の傾きであるので,図から $a = (u_1 - u_0)/(t_1 - t_0)$ と表される.この a は速度の変化率を表すので加速度である.図 1.1 の車の運動の条件をこれに代入すると,$a = 2.78 \, \mathrm{m/s^2}$ と求められる.速度は位置の時間変化率であること,加速度は速度の変化率であることから

$$a = \frac{du}{dt} = \frac{d^2 x}{dt^2} \tag{1.1}$$

と書くことができる[1].加速度計を搭載して 2 回積分すると移動した距離を算出することができ,距離計として用いられる.図 1.2 で示すように速度が時間の 1 次関数である場合,距離は式(1.1)を積分して,

$$x = \frac{1}{2} at^2 + u_0 t + x_0 \tag{1.2}$$

と求められる.図 1.1 の例では $u_0 = 0 \, \mathrm{m/s}$,$x_0 = 0 \, \mathrm{m}$,$a = 2.78 \, \mathrm{m/s^2}$ なので,これらを式(1.2)に代入して 10 秒間で走った距離は 139 m と計算できる.なお,図 1.2 の時間に対する速度のグラフでは距離は直線の下の三角形の面積に相当する.

運動をする物体が速度を変える,もしくは方向を変えるとき,運動の違いを表す必要があるのと,何が原因でそれが起こったかを考える必要がある.運動するものの特徴を表す速度と質量を掛け算したものを**運動量**(momentum)といって,次のように表す.

$$p = mu \quad (1.3)$$

運動量 p は速度に比例すると考えると，質量 m というのは比例定数である．もし運動量が同じであれば，速度が小さい場合は質量が大きく，逆に速度が大きいと質量が小さいことを表す．したがって，質量というのは運動のしやすさ・しにくさを表す指標である．さて，質量が物体の性質の一つだとすると，これが変わるとその物体の性質が変わってしまうので，物体の質量は変わらないものとする．したがって，速度が変化するということはこの運動量が変化することと等しい．この運動量の変化をもたらす原因を**力**（force）と呼ぶ．このことを式で表すと，

$$\frac{dp}{dt} = m\frac{du}{dt} = F \ [\mathrm{N}] \quad (1.4)$$

である．この力を作用させた方向に物体を距離 Δx 移動させると

$$W = F\Delta x \ [\mathrm{J}] \quad (1.5)$$

の**仕事**（work）をする．この仕事をある時間 t 秒で行ったとすると，

$$P = \frac{W}{t} \ [\mathrm{W}] \quad (1.6)$$

の**仕事率**（パワー，power）となる．

さて物体の運動量を変化させる力 F_n が図 1.3 に示すようにいくつか作用しているとすると，x 方向成分の運動方程式は次のように表される．

$$m\frac{du}{dt} = \sum_n F_{nx} \quad (1.7)$$

ここに，F_{nx} は F_n の x 方向成分を表す．

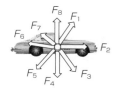

図 1.3 車の運動にはいくつか力が作用してる

◼ 回転運動

剛体がある点を中心に**角速度**（angular velocity）$\vec{\omega}$ で回転するとき，例えば図 1.1 の回転運動する剛体で示すように，回転中心から r 離れた A 部分の速度は $\vec{v} = r\vec{\omega}$ で表される．A 部分の速度の大きさは回転中心からの距離 r に比例する．いま，図 1.4 に示すようにベクトル $\vec{r}$ に角度 β 傾いたベクトル $\vec{p}$ が作用してベクトル $\vec{r}$ を回転させるとすると，この回転の大きさは $rp \sin \beta$ で表さ

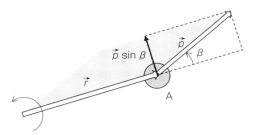

図 1.4　ベクトルの外積

れる．これはベクトル $\vec{r}$ と角度 β 傾いたベクトル $\vec{p}$ が辺となる平行四辺形の面積に相当する．回転の方向は反時計回りである．このことをベクトルの**外積**（cross product）$\vec{r} \times \vec{p}$ で表す．ベクトル $\vec{p}$ が運動量であるとき，上記の外積は**角運動量**（angular momentum）と呼ばれ $\vec{L} = \vec{r} \times \vec{p} = I\vec{\omega}$ で表せる．並進運動では，運動のしやすさ・しにくさを表す量は質量 m であったのに対し，回転運動では角運動量の式における**慣性モーメント**（moment of inertia）I が回転のしやすさ・しにくさを表す．回転軸周りの代表的な形状の慣性モーメントを表 1.2 に示す．

なお，質量 m の剛体の重心を通る軸周りの慣性モーメント I_G が既知の場合，この軸と平行な軸周りの慣性モーメント I は，これらの軸間距離が h で表され

表 1.2　形状と慣性モーメント

	慣性モーメント	図
長さ $2a$ の細い棒	$I_z = \dfrac{1}{3}ma^2$	
辺が $2a \times 2b$ の長方形	$I_x = \dfrac{1}{3}mb^2$ $I_y = \dfrac{1}{3}ma^2$ $I_z = \dfrac{1}{3}m(a^2+b^2)$	
半径 a の円	$I_z = \dfrac{1}{2}ma^2$ $I_x = I_y = \dfrac{1}{4}ma^2$	

る場合，次のように表される．

$$I = I_G + mh^2 \tag{1.8}$$

例えば表1.2の棒を例にとると，棒の端を回転中心とするときの慣性モーメントは $I = ma^2/3 + ma^2 = 4ma^2/3$ と求められる．棒の真ん中を持って回転させるより，端を持って回転させる方が4倍回転させにくいことがわかる．

回転の運動方程式は

$$I\frac{d\vec{\omega}}{dt} = \vec{N} \tag{1.9}$$

と表される．ここに，$\vec{N}$ は**力のモーメント**（moment of force）である．並進運動の運動方程式である式（1.4）と比較すると式の形としては同じであり，回転運動の原因が力のモーメントであることがわかる．

コラム　有効数字

　ある量や大きさを表すのに例えば45.6 kgとか，0.045 mなどのように数字と物理量の単位を付けて記述する．この数字の計測精度を表すのが有効数字で，いくつの数字で表すかが桁である．上記の例でいうと，45.6というのは計測上 $45.55 \leq 45.6 < 45.65$ の範囲にある．このとき有効数字は小数第1位まで有効であり，3つの数字つまり3桁が有効であると表現する．最後の小数第1位の数字は小数第2位の数字の四捨五入によって決まったものであるので，小数第1位の6という数字には曖昧さが含まれることを意味している．この45.6をもう一度平易に解釈すると，45という数字までは信頼できるが，0.6に関しては有効ではあるけれど0.1（±0.05の範囲）という幅より小さい誤差が含まれているということになる．

　これに対して，0.045というのは $0.0445 \leq 0.045 < 0.0455$ の範囲の数字を表し，小数第3位まで有効，2桁の数字が有効である．このとき先頭からの0は無視する．例えば，0.008は前から3つの0は無視して有効数字1桁，最後の桁である小数第3位まで有効と表現する．この数字は $0.0075 \leq 0.008 < 0.0085$ までの範囲にある数字のこととなる．ところが，0.0080と書かれた数字は有効数字2桁，小数第4位まで有効であるから，この数字は $0.00795 \leq 0.0080 < 0.00805$ の範囲にあることを表している．数字の右側に付けられた0は意味があるのである．

　有効数字は科学表記で書く．例えば，0.0000678と書くと読みづらいので，6.78×10^{-5} と表記する．6.78は3桁の有効数字ということを表す．逆に，7.89×10^5 を

789000 と書き直すのは有効数字が 3 桁から 6 桁になってしまうので間違いである.

電卓などで計算するときは途中で四捨五入はせず,計算結果を有効数字に合わせて四捨五入する.筆算のときは有効数字よりも 1 桁分桁数の大きな数字で計算し,最後に四捨五入する.

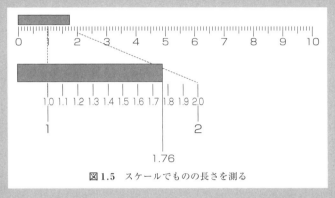

図 1.5 スケールでものの長さを測る

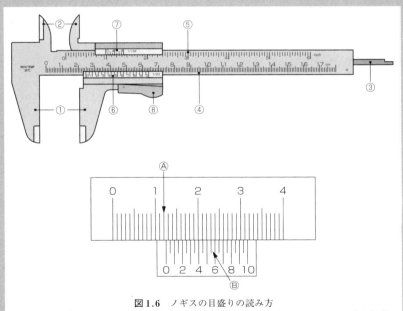

図 1.6 ノギスの目盛りの読み方

[ノギスの画像は https://commons.wikimedia.org/wiki/File:Vernier_caliper.svg より転載.
Joaquim Alves Gaspar 作,ed g2s 修正]

図1.5に示す目盛りを持つスケールで長さを測ってみよう．0にものの左端を合わせて長さを見ると右端が1cmと2cmの間にある．1cmと2cmの間にも細かな線が等間隔で付いてる．その細かな線は図1.5にも示したように，小数第1位の値を示したものである．1.7と1.8の間でおおよそ半分よりちょっと右側にあるので，$1.755 \leq ?? < 1.765$ であることから，1.76と読む．つまり有効桁数は3桁，小数第2位まで有効である．ただし，小数第2位の数字の6は ± 0.005 つまり0.01の幅を持つ程度の曖昧さを含んでいる．1.7までは確実だが，1.76の6はだいたい6であるという程度の意味である．

ノギスで読む場合，図1.6のように主尺と副尺のメモリの関係となった場合，Ⓐ副尺の0点が指す主尺の値を読むと，12である．Ⓑ次に，副尺と主尺の目盛りが一致する副尺の値を読むと，この場合5.5である．この値が0.1mmの位の値に相当するので，測定値は，$12 + 0.55 = 12.55$ mm となる．

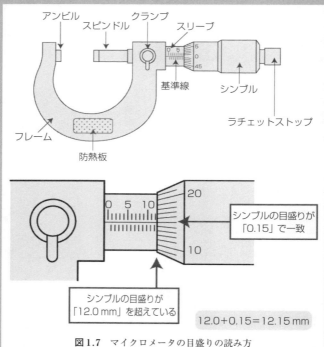

図1.7 マイクロメータの目盛りの読み方
[株式会社キーエンスの公式ウェブサイト内の https://www.keyence.co.jp/ss/imagemeasure/sokuteiki/type/micrometer/ より転載]

> マイクロメータの場合，図 1.7 の目盛り部を拡大した挿絵が示す値を読み取ってみると，基準線より上の数字の付いた目盛りではシンブルの端が 12 よりちょっと右側にあるので，12.15 である．なお，このとき基準線より下に付けられた 0.5 を表す目盛りより右側にシンブルの端がある場合は 0.5＋0.15＝0.65 を 12 に足して 12.65 となる．

1.2 動力（パワー）

　図 1.1 の並進運動に示す車の質量が 1 t（＝1000 kg）で 100 PS（＝73.6 kW）のエンジンを積んでいるとしよう．信号が赤から青に変わった瞬間に発進し，等加速で 10 秒走ると，139 m の地点における速度が 100 km/h となっていたとする．このとき加速に必要な動力を以下のように求めてみよう．

　すなわち，車が 0 km/h から 100 km/h＝27.8 m/s の速度に等加速度運動した仕事 W は得た運動エネルギー KE と等しいので，

$$W = \text{KE} = \frac{1}{2}m(u_2^2 - u_1^2) = 0.5 \times 1000 \text{ kg} \times \{(27.8 \text{ m/s})^2 - (0 \text{ m/s})^2\}$$
$$= 386420 \text{ J} \approx 386 \text{ kJ}$$

である．なお，仕事は $W = Fx$ であるから，$F = 1000 \times 2.78$ N，$x = 139$ m より，386 kJ と求めることもできる．

　さて，10 秒間の仕事率は $P = \text{KE}/t = 386 \text{ kJ}/10 \text{ s} = 38.6 \text{ kW} = 52.5 \text{ PS}$ である．すなわち，この車のパワーの約半分の能力を使って加速運動したことになる．

　逆に，もし，この車の持つパワーをフルに使って 10 秒間等加速度運動すると，その距離の位置における速度がいかほどになるか以下のように考えてみよう．すなわち，$mu_2^2/2 = Pt = 73550 \text{ W} \times 10 \text{ s}$ より，$u_2 = 38.4$ m/s（＝138 km/h）と求められる．

　加速度は $a = (38.4 - 0)/10 = 3.84 \text{ m/s}^2$ であるから，この加速度で 10 秒間走ると，その走行距離は $x = at^2/2$ より，$x = 192$ m と計算できる．

　同じ質量でパワーの違う 2 台の車がスタートラインから同時に発進し，それ

それが等加速度運動したとする．ある時間で，速度の比較をしてみる．

$$\frac{P_1}{P_2} = \frac{\dfrac{KE_1}{t}}{\dfrac{KE_2}{t}} = \frac{KE_1}{KE_2} = \frac{\dfrac{1}{2}mu_1^2}{\dfrac{1}{2}mu_2^2} = \left(\frac{u_1}{u_2}\right)^2$$

すなわち，パワーが2倍違うとある時刻の速度は$\sqrt{2} \approx 1.4$倍の違いとなる．逆に2倍の速度の違いを生むためにはパワーは$2^2 = 4$倍必要であることがわかる．パワーは「単位時間当たりにどれだけの仕事としてのエネルギーをシステムに注入できるか」であるから，パワーが大きいということは，同じ時間で，多くのエネルギーを注ぎ込める能力を持ったエンジン（エネルギーを仕事に換える装置）であることを意味する．このことは逆に，もし同じ容量の燃料タンクを持っているのであれば，パワーの大きなエンジンでは，短時間にその容量の燃料を使い切るということを意味する．もし同じ時間働くとすれば，パワーの大きなエンジンではそれだけ多くの仕事をする代わりにたくさんの燃料も必要とすることを忘れてはいけない．

1.3 軸 仕 事

図1.8に示すような軸の回転による仕事を考えてみる．軸による力のモーメントを機械工学では**トルク**（torque）と呼ぶ．トルクTは力のモーメントと同じであるので，次のように表される．

$$T = Fr \quad [\text{N·m}] \tag{1.10}$$

回転数をn[rpm]（毎分回転数）で表すと，半径rの位置の単位時間当たりの移動距離は

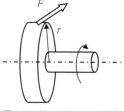

図1.8 軸の回転による仕事

$$x = \frac{2\pi rn}{60} \quad [\text{m/s}] \tag{1.11}$$

である．60で割っているのは分を秒に変換するためである．回転方向に力Fが作用しているので，軸仕事率P_sは

$$P_{\mathrm{s}} = Fx = \frac{T}{r} \times \frac{2\pi rn}{60} = \frac{2\pi nT}{60} \quad [\mathrm{W}]$$

これに要した時間 t [s] をかけると,その時間に行った仕事が $W_{\mathrm{s}} = P_{\mathrm{s}} \times t$ [J] のように求められる.

質量が 1 t(= 1000 kg)の車が時速 80 km/h(= 22.2 m/s)の一定速度で走っているとき必要な動力を次のように求めてみる.

路面を F の力で押した反作用として,路面からこの車に $-F$ の力が作用する.この力は走行している車に作用する空気抵抗と車輪の転がり抵抗の和 $D = 200$ N と釣り合っているとする.半径 0.2 m の車輪を付けているとすると,車輪が1回転すると $2\pi r = 2\pi \times 0.2 = 1.256$ m 進む.また,時速 80 km/h では1秒間に 22.22 m 進むので,この速度で走っているとき車輪の回転数は $n = 22.22 \times 60/1.256 = 1061$ rpm であり,車輪の回転面に作用する力が全抵抗 $F = D = 200$ N と釣り合うのであるから,トルクは $T = F \times r = 200$ N $\times$ 0.2 m $= 40$ N·m と求められる.したがって,回転数とトルクから必要な動力は $P_{\mathrm{s}} = 2\pi nT/60 = 2\pi \times 1061 \times 40/60 = 4444$ W ≈ 6 PS である.この車が一定速度で走っているときに必要な動力である.また,等速運動の場合を考えると,1秒間に 22.22 m 進む(速度である)のであるから,その間に必要な動力は $P = Fu = 200$ N $\times 22.22$ m/s $= 4444$ W であり,先の計算と同じ結果を得る.

このことから,車を一定速度で走らせる場合でも,エンジンはエネルギーを消費し一定の動力を出力しなければならないことがわかる.この理由は,抵抗が車体にかかっているからであって,もし抵抗がなければエネルギー消費はない.したがって,いかに抵抗を減少させられるかということが重要となる.

コラム　トルクとモーメント

物理では,A 点から測った腕の長さ L に,それに直角に作用する力 F をかけたものを軸回りのモーメントという.したがって,

$$M = FL \quad [\mathrm{N \cdot m}]$$

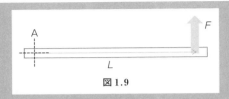

図 1.9

である(図 1.9).このモーメントを図 1.10 のように軸のねじりに使うときトルクという名前に変わる.つまり,トルクというのは軸の回転力を表す言葉である.

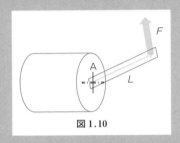

図 1.10

したがって,この図のように軸の回転を与えるトルクは

$$T = FL \ [\text{N·m}]$$

であり,モーメントと同じ表現となる.

　モーターの回転を往復運動に変えるために,図 1.11 に示すような基本的なリンク機構を使う.回転の腕の長さ r_m とその先で生み出す力 F_m からモーターに要求されるトルク $T_\text{m} = r_\text{m} F_\text{m}$ が求まる.トルク T_m と回転角速度 $\omega \ [\text{rad/s}]$ の積は動力 $L_\text{m} = T_\text{m} \omega$ を表すので,これからモーターの選別ができる.

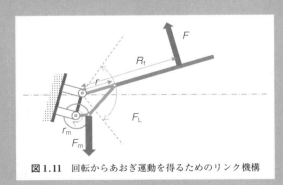

図 1.11 回転からあおぎ運動を得るためのリンク機構

いきなりであるがマグロ形ロボットを尾ひれの往復運動で推進させることを考えてみよう．あおぎ運動する尾ひれ板に垂直にかかる力 F の一点鎖線で表す移動方向成分が推力となる．尾ひれ板に作用する F が集中荷重として図心に作用するとすると，回転中心から図心までの距離 R_f に F をかけたモーメント T_m が必要モーメントとなるので，結局 $T_m = R_f F$ となる．ただし，この場合の尾ひれの力 F は尾ひれ板の抗力であるので，同じあおぎ運動で大きな力を得るには抗力係数の大きな形状を選ぶことである．同じ面積であれば三角形が最も抵抗係数が大きい[2]．

 モーターを動かすためのバッテリーの容量を以下のように見積もる．まず，巡航速度は1秒間に体長分だけ進む速度なので，$U = 4$ m/s，マグロの体は流線型なので抵抗は摩擦抵抗だとすると摩擦抵抗係数 $C_f = 0.02$，海水の密度 $\rho = 1024$ kg/m^3，体表面積 $A = 3$ m^2 とすると，抵抗 $D = C_f \rho U^2 A / 2$ より $D = 492$ N と求められる．これと同じ力を出せば一定速度で泳いでいられる．すなわち，$T = D = 492$ N である．尾ひれを±30°で振るとし，また単純に最大振幅角度のときに T を出すと仮定すると $F = T/\cos(90° - 60°)$ より，$F = 984$ N となる．尾ひれ板を1秒間に1回振る角速度だとすると $\omega = 2\pi/3$ rad/s である．尾ひれの図心までの距離を $R_f = 0.4$ m とすると，必要な動力は $L = F R_f \omega = 824$ W である．これで24時間泳ぐためには 824 W × 24 hour = 19776 Wh の容量のバッテリーが必要である．重量エネルギー密度が 201 Wh/kg のリチウムイオン電池を使うとすると，上記容量を確保するために 98 kg の電池を用意する必要がある．泳いでいる最中に充電もしくは発電できるシステムを考える必要がある．

2 エネルギーから仕事を取り出す

2.1 日本のエネルギー事情

　石油，石炭，天然ガスなどの自然から産出するエネルギーを**一次エネルギー** (primary energy) という．また，水力，風力，太陽，地熱などの自然エネルギーもこれにあたる．経済産業省・資源エネルギー庁から出されている 2016 年度のエネルギー白書で，およそ 50 年間の推移が発表されている（図 2.1）．2014 年では依然として石油に依存する比率が高く，ついで石炭，天然ガスが増加してきている．ただし全体の供給量は 2005 年頃をピークに減少傾向である．原子力に関しては 2014 年において 0 である．これらのエネルギー資源の 95% を海外からの輸入に頼っている．

　さて，これら一次エネルギーを使えるように変換・加工して**二次エネルギー** (secondary energy) としなければならない．二次エネルギーは電気，都市ガ

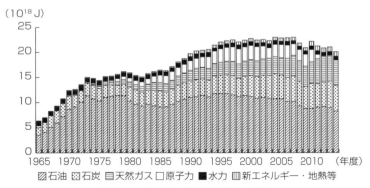

図 2.1　一次エネルギー国内供給の推移
（出所）経済産業省・資源エネルギー庁「エネルギー白書 2016」

ス，ガソリンなどである．日本における電力消費量は2013年において中国，アメリカに次いで第3位，個人消費量はカナダ，アメリカ，韓国に次いで世界第4位となっている．

この電気を作るのに石油・石炭・天然ガスを燃料とする火力発電が発電の約90%を占めている．水力発電が約8%，新エネルギー発電が約2%である．

2.2 熱

石油などを燃焼させると**熱**（heat）が放出される．熱はものを温めるのに使うこともできるが，エンジン内でその熱を使って力学的な仕事を作り出すこともできる．この熱とエネルギー変換を扱うのが**熱力学**である．

◢ 熱を伝える

熱というのは温度の差 ΔT によって移動するエネルギー Q のことである．これを式で表すと，

$$Q = cm\Delta T \ [\text{J}] \tag{2.1}$$

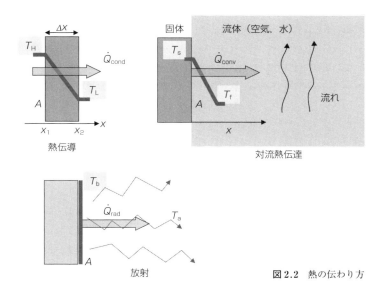

図 2.2 熱の伝わり方

である．ここに，c は比熱（水の比熱は $c=4200$ J/(kg·℃)），m は質量である．この移動は図 2.2 のように熱伝導，対流熱伝達，熱放射によって起こる．

熱伝導（heat conduction）では，厚さ Δx で，熱が伝わる面積 A の壁を伝導で伝わる単位時間当たりの熱量 $\dot{Q}_{\text{cond}}$ [J/s(=W)] は次のように表される．なお，$\dot{Q}_{\text{cond}}$ のドットの意味は時間微分，すなわち $\dot{Q}_{\text{cond}}=dQ/dt$ を表すので，これを**熱流束**（熱流量，heat flux）と呼ぶ．

$$\dot{Q}_{\text{cond}} = -kA\frac{\Delta T}{\Delta x} = -kA\frac{dT}{dx} \ [\text{W}] \quad (2.2)$$

ここに，k [W/(m·K)] は壁の**熱伝導率**（thermal conductivity）と呼ばれ，物質の熱の伝わりやすさを表す値である．この値が大きいと熱が伝わりやすいことを表す．代表的物質における k を表 2.1 に示す．なお，単位面積当たりに流れる熱流束を $q=\dot{Q}_{\text{cond}}/A$ で表し，これを熱流束密度と呼ぶ（3.1 節参照）．

単位時間当たりの熱エネルギーの流れは温度勾配（dT/dx）に比例する．負符号が付いているのは，熱エネルギーは温度が高い方から低い方へ（温度が減少する方向）に流れることを表しているからである．図中に示したように壁の中の温度分布が直線的であれば，上式は温度差を使って，

$$\dot{Q}_{\text{cond}} = -kA\frac{T_{\text{L}}-T_{\text{H}}}{x_2-x_1} \ [\text{W}] \quad (2.3)$$

で表される．

例えば，厚さ 1 mm のアルミニウム板の片面を 100 ℃ に加熱し，反対側の面は 20 ℃ になっているとする．$A=0.1$ m² の面積を通じて流れる熱流束を求めてみる．すなわち，$T_{\text{H}}=273+100=373$ K，$T_{\text{L}}=273+20=293$ K であり，表 2.1

表 2.1 熱伝導率

物質	熱伝導率 k [W/(m·K)]
銅	401
アルミニウム	237
鉄	80
ガラス	1.4
人の皮膚	0.37
木	0.17

からアルミニウムの熱伝導率は $k = 237$ W/(m·K) であるので，式（2.3）にこれらを代入して，

$$\dot{Q}_{\mathrm{cond}} = -kA\frac{T_{\mathrm{L}} - T_{\mathrm{H}}}{x_2 - x_1} = -237 \times 0.1 \times \frac{293 - 373}{0.001} = 1896 \times 10^3 \,[\mathrm{W}] = 1896 \,[\mathrm{kW}]$$

と求められる．

また，ヒーターで 2 kW の熱量を厚さ 10 mm，面積 $0.1 \,\mathrm{m}^2$ の鉄板に伝えているとする．片面の高い温度が 200 ℃であるとき，反対側の面の温度を求めてみよう．式（2.3）より，

$$\dot{Q}_{\mathrm{cond}} = 2000 \text{ W} = -kA\frac{T_{\mathrm{L}} - T_{\mathrm{H}}}{x_2 - x_1} = -80 \times 0.1 \times \frac{T_{\mathrm{L}} - 473}{0.01}$$

であるので，$T_{\mathrm{L}} = 470.5$ K $= 197.5$ ℃となる．また，同じことを木材で行うと，表 2.1 より，木の熱伝導率は $k = 0.17$ であるから，上述と同様にして計算すると，$T_{\mathrm{L}} = 355$ K $= 82$ ℃となる．このことから，鉄板では両面においてほとんど温度差がなく，よく熱が伝わると言える．これに対して，熱伝導率の低い木の場合では片面が 200 ℃あっても，反対側の面では 82 ℃にしかならず，熱を伝えにくいということがわかる．

固体から流体（空気，水など）に伝えられる熱伝達の様式が**対流熱伝達**（convective heat transfer）である．流体の流れが伝達に影響する．流体に熱が伝わると流体が温められ，そのため密度が小さくなり，それが浮力となって流体を駆動する．これを**自然対流**（natural convection）といい，それによる熱伝達を**自然対流熱伝達**（natural convection heat transfer）という．また，扇風機やポンプで強制的に作った流れによる熱伝達を**強制対流熱伝達**（forced convection heat transfer）という．どちらの様式であっても流体の対流による熱流束 $\dot{Q}_{\mathrm{conv}}$ は次のように表される．

$$\dot{Q}_{\mathrm{conv}} = hA(T_{\mathrm{s}} - T_{\mathrm{f}}) \,[\mathrm{W}] \tag{2.4}$$

ここに，h [W/(m²·K)] は対流熱伝達率，A は熱伝達が起こる物体の表面積，T_{s} は固体表面温度，T_{f} は固体から離れたところにおける流体の温度である．

室温が 20 ℃の部屋にいる体温 36 ℃の人が扇風機の風に当たっているときに失う単位時間当たりの熱量を求めてみよう．人の表面積を $1.3 \,\mathrm{m}^2$ とし，強制対流熱伝達率を $h = 20$ W/(m²·K) とすると，式（2.4）より，対流熱伝達は

表 2.2 放射率

物質	放射率 ε
アルミ箔	0.07
ステンレス研磨面	0.17
黒ペンキ	0.98
白ペンキ	0.90
アスファルト面	0.88
白い紙	0.94
人間の皮膚	0.95
木	0.87
土	0.94
水	0.96
植物	0.94

$$\dot{Q}_{\text{conv}} = hA(T_s - T_f) = 20 \times 1.3 \times \{(273+36)-(273+20)\} = 416 \; [\text{W}]$$

と求められ，1秒当たりに416Jの熱量を失う．

放射（radiation）は光の速さで伝搬する形態の伝熱である．絶対零度より高い温度のすべての物体から熱放射される．表面積 $A \, \text{m}^2$ の物体から放射される熱流束 $\dot{Q}_{\text{rad}}$ は表面の絶対温度が T_B のとき，次のように表される．

$$\dot{Q}_{\text{rad}} = \varepsilon \sigma A T_B^4 \; [\text{W}] \tag{2.5}$$

ここに，ε は表面の放射率であり，σ はステファン・ボルツマン定数（$=5.67 \times 10^{-8} \, \text{W}/(\text{m}^2 \cdot \text{K}^4)$）である．放射率 ε は表2.2に与えるように物質によって異なる．

他の物体からの放射によって対象とする物体表面に入射していくる熱エネルギーをどのくらい吸収できるかは吸収率 α で表す．これは放射率と同じ値である．すなわち，熱放射が良い物体は熱吸収も良いのである．なお，$(1-\alpha)$ は反射率となる．図2.3に示すように，ある物体とそれを囲む広い閉曲面との間の放射熱伝達は次式で表される．ただし物体表面温度 T_b が周囲温度 T_a より高いとすると，

$$\dot{Q}_{\text{rad}} = \varepsilon \sigma A (T_b^4 - T_a^4) \; [\text{W}] \tag{2.6}$$

である．ここに，ε は物体の放射率である．$\varepsilon = 1$ の物体を**黒体**（完全放射体，black body）といい，熱や光を完全に吸収または放射できる理想的物体である．

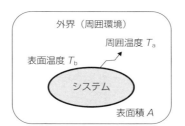

図 2.3 物体（システム）から広い空間（環境）への放射

現実には $\varepsilon < 1$ である．ちなみに，表面の色が黒い昆虫が多いのは放射，吸熱に都合が良いためであろう．

2.3 内部エネルギーとエンタルピー

図 2.3 に示す物体（システム）が持っているエネルギーを**内部エネルギー**（internal energy）という．これは物体を構成している分子の持つ運動エネルギーとポテンシャルエネルギーの総和である．システムの内部エネルギーは外界とのエネルギーのやり取りによって決まる．すなわち，内部エネルギーの状態変化を E，熱エネルギーを Q，仕事を W で表すと，

$$E = Q + W \tag{2.7}$$

である．熱エネルギーはシステムに加えられたときに正，システムから出ていくときを負として扱う．仕事の符号も同様に，システムに加えられると正，システムが外界に仕事をすると負として扱う．熱量と仕事のやりとりの結果，システム内の内部エネルギーの変化として状態が変わる．式 (2.7) で表された関係を**熱力学第一法則**（the first law of thermodynamics）といい，エネルギーのやりとりだけが行われる，いわゆる「閉じたシステム」におけるエネルギー保存則を表す．このシステムの代表として内燃エンジンがある．

例えば，閉じたシステムに $Q = 50$ kJ の熱エネルギーが加えられ（加熱され），$W = 30$ kJ の仕事を外界に対して行った．このシステムの内部エネルギーはどれほど増減したか考えてみる．元々このシステムが持っていた内部エネルギーを $E_0 = 100$ kJ とする．加熱によってシステムに $Q = 50$ kJ の熱エネルギーが入った

ので，内部エネルギー E は $E_1 = E_0 + Q = 100 + 50 = 150\,\mathrm{kJ}$ となる．このシステムが外部に $30\,\mathrm{kJ}$ の仕事をしたので，仕事に負符号を付けて $E_2 = E_1 + (-W) = 150 - 30 = 120\,\mathrm{kJ}$ である．これらのエネルギー授受の結果，元々持っていた内部エネルギー E_0 との差は，$E_2 - E_0 = 120 - 100 = 20\,\mathrm{kJ}$ と求められ，結果として内部エネルギーの増加となった．もちろん，式（2.7）を使えば，次のようにすると簡単に求めることができる．すなわち，$E = Q + (-W) = 50 - 30 = 20\,\mathrm{kJ}$ となる．

閉じたシステムに対して流れを伴う開いたシステムにおいて，流体が本来保有している内部エネルギー E に流体をシステムに押し込む仕事 pV を加えて評価する必要がある．この和を**エンタルピー**（enthalpy）H と呼び，

$$H = E + pV \tag{2.8}$$

で定義される．ここに，E は内部エネルギー，p はシステムの入り口および出口における圧力差，V は体積である．したがって外界から流体をシステムに入れるための仕事 pV も含めて流入流出する流体のエネルギーとする．式（2.7）のエネルギー保存則の内部エネルギーの代わりにエンタルピーを使うと「開いたシステム」におけるエネルギー保存則は

$$H = Q + W \tag{2.9}$$

と書ける．このシステムの代表として，蒸気タービンやポンプ，航空機用エンジンなどがある．

2.4 仕事を取り出すには

閉じたシステムで仕事を取り出す方法について考えてみる．式（2.7）より仕事 W は $W = E - Q$ である．システムが外界に対して仕事をするためには W が負となるように $Q > E$ の熱量を加える，すなわち加熱することが必要である．システムを外部から加熱して仕事を取り出す装置を**エンジン**（engine）と呼ぶ．熱量は式（2.1）で表される．

仕事を取り出すために，システム内に気体を入れ，温度上昇による気体の膨張を使って外部に仕事をさせる．そのためには，次に示す気体の状態を表す状態方程式を使う．

2.4 仕事を取り出すには

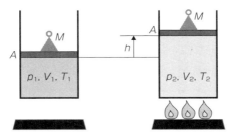

図 2.4 等圧で加熱する

$$pV = nRT \tag{2.10}$$

ここに，気体の状態を表す状態量として p は圧力，V は体積，T は温度（絶対温度）である．また，n はモル数，R は気体定数（$= 8.3\,\mathrm{J/(mol \cdot K)}$）である．

さて，圧力 p が一定となるよう重りを蓋にのせた容器において，図2.4のように加熱すると，式（2.10）より，

$$\frac{V_2}{V_1} = \frac{T_2}{T_1} \tag{2.11}$$

の関係を得る．したがって，加熱後の体積 V_2 は温度の比に比例して，膨張する．蓋の面積を $A\,\mathrm{m}^2$，重りの重さを $M\,[\mathrm{N}]$ とする．重りをのせた蓋は，内部の圧力によってある位置で釣り合っているので，内部の圧力は $p_1 = M/A$ で表せる．蓋が h 押し上げられたとすると，これによる外部への仕事は $W = Mh = p_1 A h = p_1 \Delta V = p_1 (V_2 - V_1)$ となる．この様子を p-V 線図で表すと図2.5のようになる．等圧線の下の部分が仕事となる．

等温（$T = $ 一定）で加熱した場合を考える．式（2.10）より，

$$\frac{V_2}{V_1} = \frac{p_1}{p_2} \tag{2.12}$$

となり，仕事 W は

$$W = p_1 V_1 \ln \frac{p_1}{p_2} \tag{2.13}$$

で表され，図2.6の等温度線の下側の面積に相当する．

実際にはこれらの変化だけでは一回の仕事の取り出しで終わってしまうので，変化の組合せで仕事をサイクルとして連続で取り出せるようにする．理想サイ

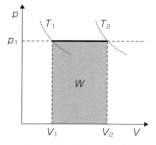
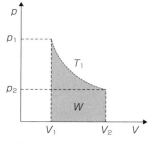

図 2.5　等圧加熱による仕事　　　　図 2.6　等温加熱による仕事

クルとしてカルノーサイクルというものがあるが，等温変化と断熱変化の組合せである．カルノーサイクルをつかうと，与えられた温度差で最大の仕事 $W = Q_1 - Q_2$ を取り出せる．効率 η は高温 T_1 と低温 T_2 を使って次式のように表すことができる．

$$\eta = 1 - \frac{T_2}{T_1} \tag{2.14}$$

したがって，低温源の温度が低いほど，また高温源の温度が高いほど効率は高くなるが，低温源の温度が 0 K でない限り 100% になることはない．

　仕事を得るのに，熱量を加えたのであるが，この熱量を得るのに例えばガソリンを燃やす．元々ガソリンの持っているエネルギーは 34.6 MJ/L である．ガソリン 1 L を燃やすと，例えば 20℃ の水をどのくらいの量 100℃ に上昇させられるか見積もってみよう．式 (2.1) から

$$34.6 \times 10^6 / 4.2 = m \times 1 \times (100 - 20)$$

より，$m \approx 103$ kg であるから 103 L の水を 100℃ まで上昇させられるということになる．もちろん現実的には，ガソリンを燃やすことによって水だけを温められないので，すなわち容器や周囲の空気も暖めてしまうので，ガソリンの持っているエネルギーのすべてを着目する物質の加熱には使えないことに注意する．

コラム　自発的変化とエントロピー

　自然に起こる変化（自発的変化）ではエントロピーの増大を伴う．その例について見てみる．外界と熱のやりとりがない孤立系では，系が断熱不可逆膨張をするとき，次のクラジウスの不等式

$$dS \geq \frac{dq}{T}$$

において，$dq=0$ であるので $dS \geq 0$ が得られる．また外界への熱が流れないので，外界のエントロピーは一定のままであるから，両者の和は結局 $dS \geq 0$ である．すなわち，この膨張ではエントロピーが増大する．また，完全気体の等温不可逆膨張（内部エネルギーの変化は 0）では，$dq = -dw$ であるが，気体が自然に真空に向かって膨張すると対向する圧が 0（真空）であるため仕事をしない．すなわち $dw=0$ である．また外界へ熱も伝わらないため外界のエントロピーの変化はない．したがって $dS=0$ である．さらに別な例として，自然に冷えていく様子を見ると高温 T_H から低温 T_L に移る熱量を dq とすると，高温側が低温側へ熱を受け渡す際のエントロピー変化は $dS_H = -dq/T_H$，低温側が高温側から熱量を受け取るときのエントロピー変化は $dS_L = dq/T_L$，である．両者の和 $dS_H + dS_L$ は $-dq/T_H + dq/T_L > 0$ であり，結局 $dS \geq 0$ である．

　定圧変化では $q = \Delta H$ であるから系のモルエントロピーの変化は $\Delta S = \Delta H/T$ である．もし，系が凝固・凝縮のように発熱（$\Delta H < 0$）であればエントロピー変化は負となり，液体の水から氷になるときのように規則的になることを意味している．逆に氷が溶けて水になるときの融解では吸熱（$\Delta H > 0$）であるので，$\Delta S > 0$ となって，系が不規則になることと対応する．例えば，水の状態が 0 ℃の氷から 0 ℃の水に変わるときの標準エントロピーが 273.15 K において 22 J/(K·mol)，蒸発時では 373.15 K において 109 J/(K·mol) であり，液体から気体に変化するときのエントロピー変化が氷から液体に変わるときのものに対して約 5 倍大きいことがわかる．このエントロピー変化を得るのに熱を加えるので，氷から水への融解潜熱は $22/0.018 \times 273.15 = 334$ kJ/kg $= 80$ kcal/kg，水から蒸気への蒸発潜熱は $109/0.018 \times 373.5 = 2260$ kJ/kg $= 540$ kcal/kg である．

　クラジウスの式において，定圧で熱が輸送され，膨張以外の仕事がなければ，$dq = dH$ であるので，

$$TdS \geq dH$$

となる．系のエンタルピーが一定であれば，$dS \geq 0$ が得られ，エントロピーは増大

しなければならない．また，もし系のエントロピーが一定であっても，系と外界のエントロピー変化の和は≧0でなければならないので，外界でエントロピーが増大する必要がある．したがって系が発熱しなければならないので，系のエンタルピーが減少する．

いま，ギブスのエネルギー G を次のように定義する．

$$G = H - TS$$

系が等温状態変化するとき，上式は，

$$dG = dH - TdS$$

と書ける．したがって，$TdS \geq dH$ の関係を代入すると，自発的変化の判定基準として，

$$dG \leq 0$$

を得る．つまり，温度および圧力が一定のとき，ギブスのエネルギーが減少するようであればそれは自発的変化であるということがわかる．例えば吸熱反応で，H が増加するにもかかわらず自発的変化であるときは，エントロピーの増加（TdS）がそれ（dH）を上回るということになる．このエントロピー変化は外界から系へ熱が流入することによる．このため，外界ではエントロピーが減少する．

3 熱の伝わり方

3.1 熱伝導方程式

図3.1のような,温度が異なる2つの熱源に挟まれた媒質において,熱がどのように伝わるのかを考える.高温側の熱源の温度を T_1,低温側の温度を T_2 とする.すなわち,$T_1 > T_2$ である.図の上下方向と奥行き方向に十分な長さがあるとき,1次元(x 方向)でのみ温度分布 $T(x, t)$ すなわち温度の位置時間依存性が生じる.

この現象を検討するため,**熱流束密度**(heat flux density)という考え方を導入する.これは,単位時間当たりに単位面積を移動する熱量(仕事)のことである.熱流束密度 q を温度差があるほど大きくなるとすると,

$$q = -k\frac{\partial T}{\partial x} \tag{3.1}$$

という式が考えられる.これを**フーリエの法則**(Fourier's law)という.これは式(2.2)と同じである.定数 k($k>0$)は熱伝導率で,右辺にある負の符号は熱が高温側から低温側に流れることを意味している(2.2節参照).

次に,熱の伝わり方を決める方程式の導出を行う.熱流束密度の定義から,

図3.1 1次元の熱伝導モデル

任意の点における単位時間当たりの温度の変化は，その場所を出入りした熱流束密度の収支によって決まる．したがって，

$$\frac{\partial}{\partial t}(c_v T) = -\frac{\partial q}{\partial x} \tag{3.2}$$

と表すことができる．負の符号は収支が負のとき（入った熱量が出た熱量よりも小さいときに）温度が上昇することを意味している．$c_v > 0$ は定積比熱で単位体積の媒質の温度が1K上昇するために必要な熱量を表す．熱を伝える媒体が均質で経時変化がないとき k と c_v は x と t に依らないので，

$$\frac{\partial T}{\partial t} = \alpha \frac{\partial^2 T}{\partial x^2} \tag{3.3}$$

が導かれる．ここで，$\alpha = k/c_v$ である（したがって $\alpha > 0$ である）．この偏微分方程式（p.32のコラム参照）は**熱伝導方程式**（equation of heat conduction）と呼ばれている．媒体内部に熱源がある場合には右辺に熱源による温度上昇を表す項が追加されるがここでは考えないこととする．

熱伝導方程式は，時間とともに温度の分布をならすように温度が変化することを表している．温度分布が上に凸（$\partial^2 T/\partial x^2 < 0$）の場合には温度が下がり，下に凸（$\partial^2 T/\partial x^2 > 0$）の場合には温度は上がる．このような定性的な性質を覚えているだけでも熱の伝わり方は理解しやすくなる．また，右辺と左辺に T があるので，T は絶対温度でも摂氏でも華氏でもよいことがわかる．実際に $T = (9/5) T' - 459.67$ を熱伝導方程式に代入して T' についての方程式に変換しても，方程式の形は変わらない．すなわち，熱伝導方程式の形は温度表示の定義の仕方に依存しない．

2次元空間や3次元空間でも熱伝導方程式は同じ形になる．媒質が均質な場合は，ラプラシアンと呼ばれる演算子 ∇^2 を導入して，

$$\frac{\partial T}{\partial t} = \alpha \nabla^2 T \tag{3.4}$$

と表すことができる．ラプラシアンは，2次元直交座標系で，

$$\nabla^2 = \frac{\partial^2}{\partial x^2} + \frac{\partial^2}{\partial y^2} \tag{3.5}$$

3次元直交座標系で，

$$\nabla^2 = \frac{\partial^2}{\partial x^2} + \frac{\partial^2}{\partial y^2} + \frac{\partial^2}{\partial z^2} \tag{3.6}$$

である．ラプラシアンの形は座標系の定義の仕方に依存する．

3.2 熱伝導方程式の解

　与えられた条件のもとで熱がどのように伝わるのかという問題は，熱伝導方程式を解くことによって解決される．この解は初期条件や境界条件によって異なる．一般的には解析的に解けることは稀である．そのため，数値計算が多く使われる．以下では，よく知られている解析解と数値計算の結果について考える．

　はじめに，ある無限に広い1次元空間において，初期温度が $T=0$ で熱量 Q の熱源が位置 $x=0$ に置かれたときの熱伝導方程式の解を考える．これは，

$$T(t) = \frac{Q}{c_v} \cdot \frac{1}{\sqrt{4\pi\alpha t}} \exp\left(-\frac{x^2}{4\alpha t}\right) \tag{3.7}$$

となる．この解を実際に熱伝導方程式に代入して，等号が成立していることを確認してほしい．図3.2にこの結果を示す．ガウス積分の公式，

$$\int_{-\infty}^{\infty} e^{-x^2} dx = \sqrt{\pi} \tag{3.8}$$

を用いると，時間が経過しても熱量が保存されていることがわかる．

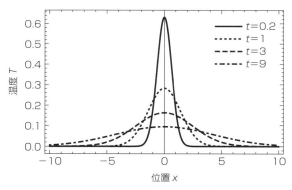

図3.2　温度分布の時間変化の例

次に,図3.1に示した条件のもとで,十分に時間が経過して定常状態になったときの温度分布を考える.$\partial T/\partial t = 0$ なので,熱伝導方程式は,

$$\frac{d^2 T}{dx^2} = 0 \tag{3.9}$$

という常微分方程式になり,これを解いて,境界条件 $T(0) = T_1$ および $T(L) = T_2$ を用いると,

$$T = \frac{T_2 - T_1}{L} x + T_1 \tag{3.10}$$

を得る.得られた解は境界条件のもとで平らになっていることがわかる.これは,時間とともに温度分布をならしていく(平にしていく)という熱伝導方程式が示す性質のためである.

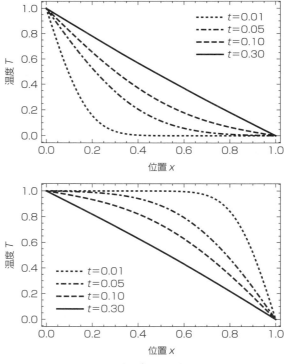

図3.3 温度分布の時間変化の例

最後に，異なる初期条件のもとで，温度分布の時間変化を数値計算した結果を図 3.3 に示す．$L=1$ とし，$T_1=1$，$T_2=0$ としている．上は $x=0$ 以外は $T(x,0)=T_2$ の場合，下は $x=1$ 以外は $T(x,0)=T_1$ の場合を初期条件としている．初期条件が異なっても最終的には，直線状の分布になることがわかる．

3.3 フーリエ級数

フーリエ（Joseph Fourier）は 1 次元熱伝導方程式の解を得るために**フーリエ級数**（Fourier series）という考え方を導入した．これは，方程式の解を

$$T(x,t) = \frac{1}{2}a_0(t) + \sum_{n=1}^{\infty} a_n(t)\cos\left(\frac{\pi n x}{L}\right) + \sum_{n=1}^{\infty} b_n(t)\sin\left(\frac{\pi n x}{L}\right)$$
(3.11)

と表し，時間に依存する係数 $a_i(t)$ および $b_i(t)$ についての連立常微分方程式に帰着させるというものである．実際に，この式を熱伝導方程式に代入して恒等式を整理すると，連立微分方程式，

$$\frac{da_0}{dt}=0, \quad \frac{da_n}{dt}=-\alpha\left(\frac{\pi n}{L}\right)^2 a_n, \quad \frac{db_n}{dt}=-\alpha\left(\frac{\pi n}{L}\right)^2 b_n \quad (3.12)$$

が得られる．与えられた初期・境界条件のもとで，この連立微分方程式の解を用いて T を構成することによって熱伝導方程式のフーリエ級数解，

$$T = A_0 + \sum_{n=1}^{\infty} A_n \exp\left\{-\alpha\left(\frac{\pi n}{L}\right)^2 t\right\}\cos\left(\frac{\pi n x}{L}\right) + \sum_{n=1}^{\infty} B_n \exp\left\{-\alpha\left(\frac{\pi n}{L}\right)^2 t\right\}\sin\left(\frac{\pi n x}{L}\right)$$
(3.13)

が得られる．A_n および B_n は定数である．ここで，熱伝導方程式とは平らにならす方程式であったことをもう一度思い出してほしい．三角関数で表された凹凸が時間とともに指数関数的に減っていくことが，フーリエ級数解から読み取れる．図 3.4 にフーリエ級数解を用いて，初期条件 $T(x,0)=(\sin\pi x)/3 + 2(\sin 3\pi x)/3 + 1/2$ および境界条件 $T(0,t)=T(1,t)=1/2$ のもとでの温度分布の変化を示した．2 つの項はともに指数関数的に減衰するが，減衰の仕方は異なる．一般解からもわかるように，波数が多い項ほど早く減衰するためである．今回の例では，2 つの山が先に減衰しきった後で，1 つの山が減衰している．

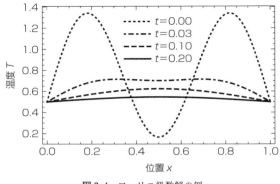

図 3.4 フーリエ級数解の例

　フーリエ級数は，現在では微分方程式に留まらず広く用いられる方法になっている．特に用いられているのは振動解析や時系列解析の分野である．フーリエ級数解は，微分方程式の解をさまざまな周波数成分に分解して，それぞれの成分がどの程度の大きさを持っているのかを表している．そのため，時系列データから定数を推定する手法（フーリエ解析）が開発され，現在ではこの手法をコンピュータによって行う方法（離散フーリエ解析）が普及している．

3.4 境 界 条 件

　偏微分方程式を正しく扱うためには，初期条件のほかに境界条件の設定が必要になる．代表的な境界条件はディリクレ条件とノイマン条件である．ディリクレ条件は固定値を与える．すなわち，境界における値（熱伝導方程式の場合には温度）が固定されている．ノイマン条件の場合には微分値を与える．すなわち，境界において出入りする量（熱伝導方程式の場合には熱流束）を指定する．例えば，熱伝導方程式において，熱浴に接している状態を与えたい場合にはディリクレ条件を設定する．また，断熱条件を与えたい場合にはノイマン条件をゼロに設定する．

　ここまで紹介してきた熱伝導方程式の解はすべてディリクレ条件を指定した場合のものであった．ノイマン条件を指定した例を図 3.5 に示す．どちらも，初期条件は $0 \leq x < 1/2$ で $T(x, 0) = 1$ かつ $1/2 \leq x \leq 1$ で $T(x, 0) = 0$ である．上

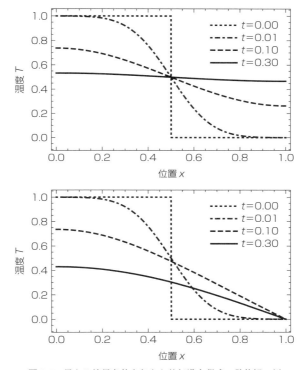

図 3.5 異なる境界条件を与えた熱伝導方程式の数値解の例

の図は $x=0$ および $x=1$ で $\partial T/\partial x = 0$ の場合を示している．両端に断熱条件を設定したことになるので，系の熱量は保存されている．これは，温度分布と x 軸がなす面積が一定であることからわかる．下の図は，左端では断熱条件（ノイマン条件），右端ではディリクレ条件 $T(1,0)=0$ を適用した場合の数値解である．右端で熱が逃げていくので系の熱量は保存されない．

3.5 高次元の場合

最後に，無限に広い 2 次元および 3 次元空間において，原点に熱源 Q_r が置かれた場合の熱の伝わり方について考える．次元が高くなると，熱が広がる方向が増えるために，先に示した 1 次元の場合とは異なる結果になる．

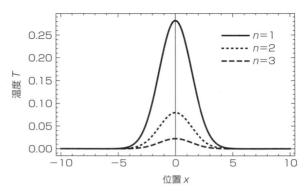

図 3.6 異なる次元における熱の伝わり方の違い

　媒質に異方性がない場合，熱はどの方向にも同じように（等方的に）広がっていく．**極座標系**（polar coordinate system）と呼ばれる座標系を導入し，媒質に異方性がないことを仮定すると，熱伝導方程式の独立変数は時刻 t と原点からの距離 r にのみ依存する．このとき，熱伝導方程式は，

$$\frac{\partial T}{\partial t} = \alpha \frac{1}{r^{n-1}} \frac{\partial}{\partial r}\left(r^{n-1} \frac{\partial T}{\partial r}\right) \tag{3.14}$$

となる．ここで n は次元を表す．与えられた条件のもとでのこの偏微分方程式の解は，

$$T = \frac{Q}{c_V}\left(\frac{1}{4\pi\alpha t}\right)^{\frac{n}{2}} \exp\left(-\frac{r^2}{4\pi\alpha t}\right) \tag{3.15}$$

となる．図 3.6 に，$\alpha=1$，$Q/c_V=1$，$t=1$ における温度分布の次元による違いを示す．つりがね型の概形に違いはないが，n が大きいほど（次元が高いほど）熱流束が向かえる方向が多いため温度の下がり方が大きいことがわかる．この結果からもわかるように，対象が何次元における現象と見なせるかは熱の伝わり方を左右するので重要である．

コラム　偏微分・偏微分方程式・拡散方程式

　本章に出てきた $\partial/\partial x$ の記号で表される演算を偏微分（partial derivative）とい

う．偏微分では注目している変数以外は定数とみなして微分演算を行う．例えば，2つの独立変数 x と y を持つ関数 $u(x, y)$ を x で偏微分するとは，以下の極限操作を行うことを意味している．

$$\frac{\partial u}{\partial x} = \lim_{\Delta x \to 0} \frac{u(x+\Delta x, y) - u(x, y)}{\Delta x}$$

これは，y の値を変化させることなく x の値を変化させたときの u の変化量を表している．野菜を何枚も薄くスライスしたときにできる断面の形を考えてみよう．$u(x, y)$ がこの断面の形であるとき，断面の変化の仕方を表すのが $\partial u/\partial x$ であり，切った位置が y となる．したがって，切断面を 90 度変えて切ったときの断面の変化の仕方を表すのが $\partial u/\partial y$ である．偏微分によって得られた式を x と y の関数とみなして偏導関数ともいう．

偏導関数を用いて表される方程式を偏微分方程式（partial differential equation）という．偏微分方程式は空間および時間とともに変化する量を説明する方程式として，理工学分野では広く扱われている[3,4]．本章で見た式（3.3）は理工学で現れる偏微分方程式の一例である．

高濃度の物質が周囲に広がる現象を記述する偏微分方程式を拡散方程式という．拡散方程式も熱伝導方程式と同じ形をしている．そのため，物質が周囲に広がる現象は，熱が伝わる現象と同じように扱うことができる．第 6 章で言及する隙間流れの方程式やブラウン運動の統計的な性質を表す方程式も同じ形をしている．

4 風と水流の利用

4.1 流体とは

　日常的に意識せずに使っているものとして空気が挙げられる．空気は生物が生きていくためにも使われているが，それだけでなく図 4.1 に示すように空気の運動を利用した風力発電や航空機が飛ぶためのメカニズムにも使われている．風力発電では風車の翼が風を受けて回転し，発電機を動かして電気を作る．それに対して航空機では，航空機についている翼が風を受け，飛ぶための力となる上向きの力である揚力が生み出され空を飛ぶ．翼は「つばさ」ではなく，「よく」と読むことに今後留意してほしい．このような空気や水といったものを**流体**（fluid）と呼ぶ．本章では，この流体とはどのようなものか，流体により生み出される・作用する力について示す．

図 4.1　流体を利用しているもの

4.2 質量保存則

　流体が動くということはどういうことか考えてみる．流体の運動であっても物理学で学んできた剛体の運動のようにエネルギー保存則，質量保存則，運動

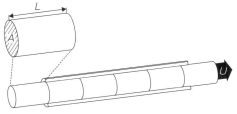

図 4.2 流体粒子のイメージ

量保存則が成立する．特にエネルギー保存則を**ベルヌーイの式**（Bernoulli's equation），質量保存則を**連続の式**（continuity equation）と呼ぶ．ここでは，質量保存則をもとに流体の運動を考える．

流体の運動をイメージしやすいように図 4.2 に示すような小さく閉じた領域があるとする．この領域を**流体粒子**と呼ぶ．形状はどのような形でも構わないが，ここでは円筒形として考える．この円筒は底面積が A，高さが L である．流体粒子の体積は，底面積×高さであるから

$$V = AL \tag{4.1}$$

となる．また質量は，密度 ρ が一様な物体であれば体積×密度となるため

$$m = \rho V = \rho AL \tag{4.2}$$

となる．このような流体粒子が一列につながり，パイプのような中を速度 U で移動していくことを考える．パイプの中には，1 秒間に 1 つの流体粒子が入ってくるとすれば，高さ L＝速度×時間となり

$$L = U \times 1 \tag{4.3}$$

である．この高さと速度の関係式を質量の式に代入すると

$$m = \rho AU \times 1 \tag{4.4}$$

のように表すことができる．また単位時間当たりの質量を $\dot{m}$ とすれば，質量を単位時間で割ると

$$\dot{m} = \frac{m}{1} = \rho AU \tag{4.5}$$

となる．これを**質量流量**（mass flow rate）と呼ぶ．ここで流体粒子は図 4.2 のパイプの中に 4 つ入っている．もしもここに 3 つの流体粒子しか入っていない場合，流体粒子のない場所が生まれる．この流体を空気として考えると，流

体がない場所は真空ということになる．イメージとしては，普段の生活の中で歩いていると急に真空の場所が現れるということである．こんなことは経験的にないことは知っているだろう．またストローの片方の口をくわえて，フーと息を吐き出したとき，ストローの加えていない方の口から空気が出てくる．息を吐いているのに，ストローの逆側から空気が出てこないなんてことは，経験をしたことはないだろう．このように自然な流れの中で流体が突然途切れた部分（空気の場合には真空の部分）が現れることはない．これを連続の条件といっている．

この連続の条件を図4.2のパイプにおける流体粒子に当てはめれば，パイプの入り口と出口で質量が保存されることになる．それは入り口と出口を添字 i, o で表すと

$$\dot{m}_i = \dot{m}_o \tag{4.6}$$

となり

$$\rho_i A_i U_i = \rho_o A_o U_o \tag{4.7}$$

のように書き表すことができる．また入り口と出口で流体の密度が変化しない場合には，

$$A_i U_i = A_o U_o \tag{4.8}$$

と表せる．この AU を**体積流量**（volume flow rate）と呼び，質量保存則によって表すこの式を連続の式と呼ぶ．密度が変化しないような流れの場合には，質量流量と体積流量のどちらを用いても構わない．また密度が変化しない流れを**非圧縮性流れ**（incompressible flow）と流体工学の分野では呼ぶ．したがって一般的に非圧縮性流れでは，流体粒子の断面積が大きくなれば，速度は減少することを意味している．

4.3 表面張力

流体同士が接しているとき，この流体には**表面張力**（surface tension）が働く．例えば，水と空気が接しているときには温度が20℃の場合，$\sigma = 72.75 \times 10^{-3}$ N/m と一定の表面張力が水に作用する．この単位を見てみるとN/mとなっており，これは単位長さ当たりに作用する力であることがわかる．単純に考

えれば，半径の大きい水滴の方が作用する表面張力が
大きいということになる．

図4.3に示すような，物体の上に静止する液滴を考
える．平板と液滴の接触部分の角度θを**接触角**
(contact angle) と呼ぶ．この接触角が$\theta<90°$のとき

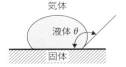

図4.3 液滴と物体の接触

を**親水性**（hydrophilic）と呼び，物体の濡れ性が良いことになる．その反対に
図4.3のように$\theta>90°$のときを**撥水性**（hydrophobic）と呼び，物体の濡れ性
が悪い状態であることになる．

この表面張力は静止した状態に限定するものではない．例えば図4.4の左図
のように物体が水面に衝突したときに水しぶきが形成される．この左図では，
先頭部が円錐形をした物体が衝突し，水面下に空気を取り込むように空洞（キ
ャビティ）が形成されている．このキャビティ先端では，右図のように物体に
表面張力が上向きに働き，物体を持ち上げるような力となる．

表面張力の働きの一つの例として，毛細管現象がある．図4.5に毛細管現象
の例を示す．ここでは水が水面から高さhの部分まで毛細管を通って上がって
いる．このhがどれほどか見積もってみる．毛細管内壁での接触角をθとする．
高さhで一定とすれば，そこで表面張力と液体に作用する重力が釣り合ってい
ることになる．表面張力による上向きの力F_sは，液体によって濡れている縁の
長さに比例するため

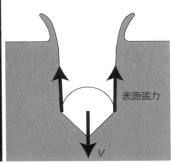

図4.4 物体が水面に衝突したときの様子

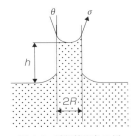

図4.5 毛細管現象の例

$$F_s = 2\pi R\sigma\cos\theta \tag{4.9}$$

となる．この表面張力により持ち上げられた流体に作用する下向きの力 F_w は

$$F_w = mg = \rho\pi R^2 hg \tag{4.10}$$

となる．ここで g は重力加速度である．またこの F_s と F_w の力が釣り合っているため

$$2\pi R\sigma\cos\theta = \rho\pi R^2 hg \tag{4.11}$$

となる．これを高さ h について解くと

$$h = \frac{2\sigma\cos\theta}{\rho g R} \tag{4.12}$$

である．したがって毛細管の半径が小さいものほど液体が持ち上げられる高さは高くなる．

4.4 圧力と圧力差による力

▆ 圧力

空気で満たし密封したドラム缶を水の中に沈めれば図 4.6 のようにつぶれてしまう．これはドラム缶周囲の水から受ける圧力（水圧）によるものである．この圧力 p は，力 F を面積 A の面で受けるとすると，

$$p = \frac{F}{A} \tag{4.13}$$

で表され，単位面積当たりに垂直方向に作用する力を表している．単位は N/m^2 を Pa と書き，パスカルと呼ぶ．水による圧力を水圧と呼ぶが，空気による

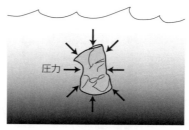

図 4.6 水圧によってつぶれるドラム缶

圧力は大気圧と呼ぶ．

ここで深海を進む図4.7のような潜水艦を開発するとしよう．潜水艦は水深100 mを航行し潰されないためには，どれだけの圧力に耐えなければならないか考える．潜水艦には水面から船体まで100 m分の水が乗っかっている．これによって圧力がかかる．潜水艦の表面にかかる水の重さ W_w [kgf（=N）] は

$$W_w = \rho g h A \tag{4.14}$$

となる．ここで A は潜水艦の表面積とする．この水の重さを単位面積当たりにすると

$$\frac{W_w}{A} = p_{\text{water}} = \rho g h \tag{4.15}$$

となる．また水の密度は998 kg/m^3 であるから水深100 mでは 9.8×10^5 Pa となる．これは1 m^2 の面積に100 tの重さ（kgf）が物体にかかっているのと同じである．

$$9.8 \times 10^5 \, \text{Pa}(=\text{N/m}^2) = 100 \times 10^3 \, \text{kgf/m}^2 = 100 \, \text{t/m}^2 \tag{4.16}$$

◢ 浮力

ここで図4.7に示した潜水艦の上面と下面の圧力について考えてみる．潜水艦の上面にかかる圧力 P_1 は $P_1 = \rho g A h$，下面にかかる圧力 P_2 は $P_2 = \rho g A(h +$

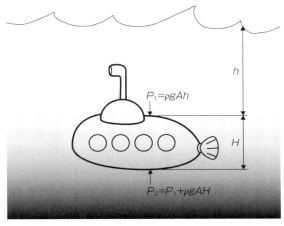

図4.7　圧力と浮力

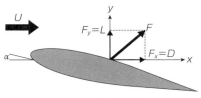

図 4.8 翼に働く力

H)となる.ここで A は潜水艦の上面と下面のそれぞれの面積である.潜水艦の側面壁に作用する圧力は左右の壁にかかる圧力で打ち消し合う.この潜水艦がそこで静止していれば,潜水艦の重さと上下面の圧力差が釣り合っていることを意味する.また潜水艦が直方体のような形状であれば,

$$W = (AP_2 - AP_1) = \rho g A H = \rho g V \tag{4.17}$$

となる.V は潜水艦を直方体として見たときの体積である.この圧力差によって生み出される力を**浮力**(buoyancy)と呼ぶ.したがって浮力を大きくするためには,体積の大きなものを使えばよいということがわかる.

◤ 揚力

圧力差によって生み出されるものは浮力だけではない.航空機の翼にかかる力を図 4.8 に示す.この翼の上面と下面の圧力差から生まれ,流れに対して垂直な力を**揚力**(lift force)L と呼び,

$$L = |p_\mathrm{u} - p_\mathrm{d}| S = W \tag{4.18}$$

と書くことができる.この p_u は翼上面の圧力,p_d は翼下面の圧力,S は翼面積を表している.また流れに対して水平方向の力を抗力 D と呼ぶ.この翼に働く抗力の大半は摩擦によるものである.これを**摩擦抵抗**(friction drag)と呼ぶ.

コラム 流線・流跡線・流脈線

　流体が流れる様子を表す一つの手法に流線・流跡線・流脈線がある.これらの線を見るためには,流れの見える化(可視化)を行わねばならない.可視化を行うためには流れのトレーサーとなる微粒子や気泡といったものを流体中に添加しなくてはならない.このトレーサーが流れ場全体に分布しているとき,このトレーサーの運動をもとに流れ場の速度を計測する.流れの可視化の手法については第15章で触

れている．

流線（stream line）：流れ場の速度計測結果をもとに速度ベクトルを描画したとする．この速度ベクトルの接線方向に線を描き，つながり描かれた図4.9のような線を流線と呼ぶ．流線は速度ベクトルの接線方向に延びたものであるから，流線の傾きと速度ベクトルが一致する．したがって2次元の流れでは

$$\frac{dy}{dx} = \frac{v}{u} \tag{4.19}$$

と表される．この流れ場の速度が位置の関数としてわかっているのならば，この式を積分することで流線を表す式を得ることができる．また，ある時刻における瞬間の流れ場を見たときに2本以上の流線が交わることはない．速度ベクトルが位置の関数としてわかっているとき，線が交わっているならば1点で2つのベクトルがあることになる．しかし速度ベクトルは一意に決まるため2つのベクトルが1点に存在することはない．

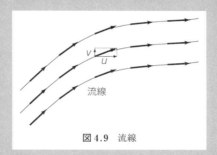

図4.9 流線

流脈線（streak line）：図4.10に示すような周期的に回転運動をする射出口からトレーサーを含んだ流体を射出口から打ち出す．イメージとしては，水が出ているホースを左右に振っているような状態である．この射出口から出た流体は，射出口の運動に伴い実線のような軌跡で進んでいく．このようにこれまでに添加されてきた粒子を一本の線でつないだ線を流脈線と呼ぶ．この流脈線は，粒子の示す速度ベクトルと必ずしも一致しない．

流跡線（path line）：図4.10のトレーサーの速度ベクトルに着目する．射出口から出たトレーサーは速度ベクトルが示す方向に移動する．このトレーサーの移動の軌跡を点線で示している．この流れ場にトレーサーが添加されてからたどった道筋を流跡線と呼ぶ．これが2次元流れであれば，トレーサーの速度成分は

$$u(x, y, t) = \frac{dx}{dt}$$
$$v(x, y, t) = \frac{dy}{dt}$$
(4.20)

となり，初期位置から時間について積分することで流跡線の関数が得られる．

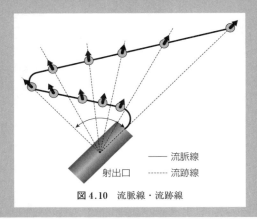

図 4.10 流脈線・流跡線

5 物体周りの流れ

流れの中にある物体に作用する流体抵抗とその原因について知る.

5.1 流 線 型

流体抵抗の少ない形として,流線型というものがある.流線上の速度ベクトルの方向は,図5.1に示すように流線上のその点における接線方向となっている.つまり,流れは流線に沿うということと,流線を横切る流れはないことを表している.これを壁に持つ形状を**流線型**(streamlined body)という.

その代表に,図5.2に示す翼がある.翼の上面と下面の流線の違いが圧力差を生み,それが主流方向に直角な力である揚力と主流方向の抗力となる.

揚力 L と抗力 D は次式のように定義される.

$$L = C_L \frac{1}{2} \rho U^2 A$$
$$D = C_D \frac{1}{2} \rho U^2 A \tag{5.1}$$

ここに,C_L,C_D はそれぞれ揚力係数と抵抗係数であり,迎角 α の関数である.また,ρ は流体の密度,U は相対速度,A は翼を上から見たときの翼面積で翼幅 b とコード長 c を用いて $A = bc$ で表される.

対称翼を流れに水平に置けば翼の上面と下面で流れの差が生じないので,揚

図 5.1 流線と流線上の速度ベクトル

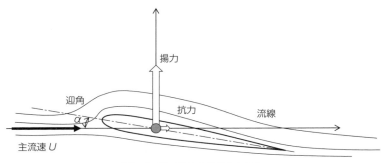

図 5.2 翼で発生する揚力と抗力

力は発生しないが，抗力は表面摩擦が原因で生じる．

5.2 円　　　柱

　直径 d の円柱を主流速度 U の流れの中に入れて観察すると，円柱後方に主流速度に応じて図 5.3 に示すようないくつかのパターンが見られる．くるくると回っている部分を**渦**（vortex）と呼んでいる．この渦が円柱後方に規則正しく流されて渦列を形成する．これが**カルマン渦列**（Kármán's vortex street）である．

　円柱後方に現れる流れパターンは次に定義される**レイノルズ数**（Reynolds number）Re によって分類される．主流速度 U，円柱直径 d のとき，

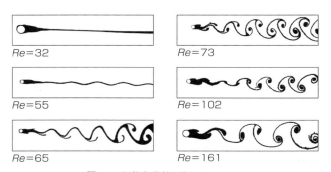

図 5.3 円柱を過ぎる流れのパターン

$$Re = \frac{Ud}{\nu} \tag{5.2}$$

ここで，ν は動粘性係数と呼ばれ，（＝粘性係数／流体の密度）で表され，慣性力と粘性力の比を表す．粘性係数［Pa・s］は流体の性質の1つである．流れの中に物体があるとき，レイノルズ数が1であることはその物体に作用する力のうち，慣性力と粘性力の割合が同じということを表している．$Re \gg 1$ であれば慣性力だけを考えればよく，粘性力は無視できる．また，$Re \ll 1$ であれば粘性力が支配的だということになる．

円柱から放出される渦の周波数を f[Hz] とすると，主流速度 U，円柱直径 d との間には次の関係が成り立つ．

$$f = St \frac{U}{d} \tag{5.3}$$

ここに，St は**ストローハル数**（Strouhal number）と呼ばれ，約 0.2 という値をとる．この周波数を測ることで流速を計測できる．

なお，円柱の抵抗係数は $C_D = 1.17$ である．ここでいう抵抗は形状抵抗（圧力抵抗）のことで，円柱後方におけるはく離に依存する．

Re が 10^5 くらいまでは前方から測って 78° の位置から境界層が層流の状態ではく離する（層流はく離）．それより Re が大きくなると前方から測った角度が 103° の位置から乱流はく離する．円柱上下部からはく離するせん断層間の幅（後流幅）は，層流はく離するときが乱流はく離のときより広いために，円柱後

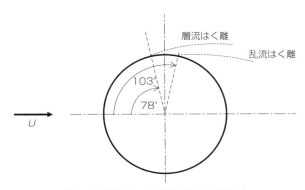

図 5.4 円柱からのはく離（片側のみ示す）

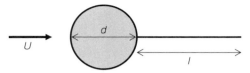

図 5.5 スプリッタープレート付き円柱

方の表面圧力の低い領域が広くなる．このため，層流はく離のときの方が乱流はく離のときより抵抗係数が大きくなる（図 5.4）．

円柱後方にスプリッタープレートを取り付けると（図 5.5），はく離せん断層の揺動が収まり，$l/d = 1.1$ のものを付けたときの抵抗係数がスプリッタープレートを付けないときに比べて約 70% の大きさとなる．実は $l/d = 0.2$ の短いものでも，約 87% の抵抗係数の減少が見られる[5]．このことは物体を流線型に近づけるということをしなくても抵抗低減ができる可能性があることを示している．

5.3 球　　　　体

球体は軸対称形，点対称形，回転対称形でもあるが，これが流れの中にあるとその周りの流れはそれらの対称から外れ，図 5.6 に示すような偏った流れ[6]となり，ひいてはそれが振れ回る．これは流れが持つ非線形性や非定常性によるものである．このため，球体に作用する力の大きさと方向が変化するので，球体が流れの中を移動するときその軌道は予測しがたい．しかし，例えば球技で使うボールのように，表面に凸凹のパターンがあると，後流の渦がそれに固定されてある決まった方向だけに力がかかるようにすることができる．また，ゴルフボールのようにディンプルで流れのはく離を遅らせ，抵抗を小さくして

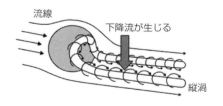

図 5.6 球体後方の渦構造

5.3 球体

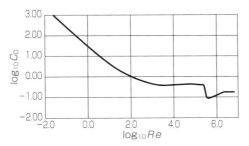

図5.7 球の抵抗係数の Re 数依存性

よく飛ぶようにすることもできる．逆に，球技ではこの球の軌道の不確定性をうまく使っているともいえる．

表面が滑らかな球体の抵抗係数が Re 数によってどのように変わるかを図5.7に示す．Re 数が低いと抵抗は大きくなり，

$$C_D = \frac{24}{Re}$$

で表される．Re 数がある程度大きくなるとほぼ一定の $C_D=0.47$ となる．$Re=10^5$ を超えると急に C_D が下がるが，これが層流はく離から乱流はく離への移行点であり，その Re 数を**臨界レイノルズ数**（critical Reynolds number）と呼ぶ．

代表的な3次元物体の C_D 値を表5.1に示す．球，立方体，尖った部分を上流に向けた円錐を比較すると，尖った部分が上流に向いている円錐が最も抵抗係数が小さくなるように思いがちであるが，実は先頭形状よりは後方の形状が重要である．滑らかに後方が伸びている形とするのは流れがスムーズに後方で閉じて流線型上に近くなるためである．したがって，先の三者を比較すると球が最も抵抗が小さい結果となる．また，流れ方向に伸びた回転楕円体は球の約20%となる．飛行船のような後端が尖った回転楕円体ではさらに抵抗係数が低く $C_D=0.02$ である．車の場合は昔の箱型の車で $C_D=0.64$ だったものが，現在では $C_D=0.28$ とほぼ半分になっている．

表 5.1 形状による抵抗係数の違い

$Re = 10^4 \sim 10^5$

柱状体断面形状	C_D	3次元形状	C_D
円	1.2	球	0.47
正方形	2.0	立方体	1.05
三角形	流れの方向→： 1.2 ←： 2.0	円錐	0.5
楕円 (a,b)	$a/b = \begin{cases} 2 : 1.6 \\ 0.5 : 0.6 \\ 0.3 : 0.2 \end{cases}$	楕円体 (a,b)	$b/a = \begin{cases} 1.18 : 0.2 \\ 0.75 : 0.5 \end{cases}$
対称翼	0.06	対称翼(3D)	0.02
六角形 (a,b)	$a/b = 2 : 1.8$	自動車(旧型) / 自動車(流線型)	0.64 / 0.28
半円	流れの方向→： 2.3 ←： 1.1	樹木	$U = \begin{cases} 10\,\text{m/s} : 0.43 \\ 20 : 0.26 \\ 30 : 0.20 \end{cases}$
		長方形板 板厚 $t = 0.01b$	$a/b = \begin{cases} 1 : 1.14 \\ 2 : 1.15 \\ 5 : 1.22 \\ 10 : 1.27 \\ 20 : 1.50 \\ \infty : 1.86 \end{cases}$
		穴あき円板 板厚 $t = 0.01D$	$d/D = \begin{cases} 0 : 1.12 \\ 0.2 : 1.16 \\ 0.4 : 1.20 \\ 0.6 : 1.22 \\ 0.8 : 1.78 \end{cases}$
		半球殻	流れの方向→： 0.38 ←： 1.43

5.4 車周りの流れ

◼ 空気抵抗

車に求められている性能は何か？　環境に影響が少ないこと（省エネ），運転のしやすさ，安全性，快適性である．省エネのためには空気抵抗を下げることである．安全性のためには流体工学的には特に高速道路における横風によるふらつきを抑えること，快適性のためには空力騒音を下げることである．

車に関わる流れを大きく分類すると，燃料系統における内部流れ，インテリアにおける空調から吹き出す噴流，車周りの境界層流れおよびはく離流れである．ここでは車周りの流れである境界層流れとはく離流れに着目する．

図 5.8 に車周りの流れを示す．車の前方のよどみ点から始まる壁面近くの境界層流れ，それがはく離して形成するはく離せん断層流れ，はく離せん断層で囲まれた後流がある．それらの中の速度は主流の速度に比べて小さく，壁面上では 0 となっている．壁面上での速度の勾配は流れと壁面の間に生じる摩擦力に比例し，その比例定数を摩擦係数という．後流における圧力と車の前方にかかる動圧の差が圧力抵抗となり，それは物体の形状によるので形状抵抗と呼ばれる．

車に作用する空気抵抗はこれら摩擦抵抗と形状抵抗の和である．その比率は摩擦抵抗 20％，形状抵抗 80％ であるので，形状抵抗を下げることが全抵抗を下げるのに効果的である．形状抵抗を下げるには先にも例を示したように，後方の形状を長く伸ばすことで流線型に近づけ，はく離が起こらないよう壁面に

図 5.8　車周りの流れ

沿って境界層流れが流れるようにする．図5.9に車の後方形状と抵抗係数の関係を表す．セダン型の車の後方を滑らかにすると抵抗係数を30％ほど下げることができる．また，後方が丸いと抵抗係数は小さいが，それを後方に伸ばして滑らかに流れるようにすると，半分程度まで抵抗係数を下げることができる．ただし，長くなるのでその分摩擦抵抗は増加する．このことよりも長くなることで回転性能が落ちることが問題である．そのため，後方を短くして抵抗係数が小さくなるよう工夫が施されてきた．セダンタイプの車では後方の傾斜角度を10°とすると，最も抵抗が小さくなる．ワゴンタイプの車では15°というよう

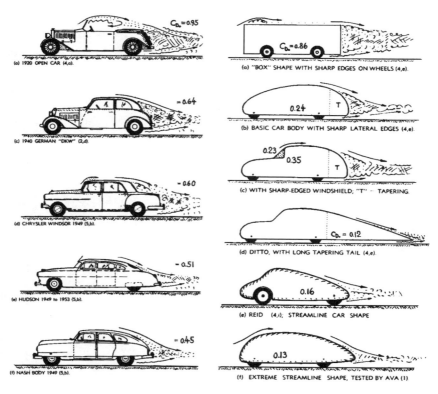

図5.9　後方形状と空気抵抗係数

左：C_D=0.95，0.64，0.60，0.51，0.45（上から順），右：C_D=0.86，0.24，0.23 (0.35)，0.12，0.16，0.13（同）

[S. F. Hoerner, "*Fluid Dynamic Drag*", Hoerner Fluid Dynamics, 1965 より]

5.4 車周りの流れ

に実験を積み重ねて最適値が求められてきた．

摩擦抵抗を減らすために，車の床下にある軸や排気管等をむき出しにしないよう滑らかにフェアリングを施す対策がとられた．こうすると空気抵抗の改善はされるが，揚力にも影響が出るため，フロント下部を押し下げるような形状のスポイラ形状にする，後方下部を拡大して圧力回復をうながすディフューザ形状にするなどによって路面に吸い付くように対策がとられている．

車後方に形成される後流には図 5.6 に示した球後方に形成されるものと同様な縦渦が形成される．これは航空機の翼先端からの翼端渦と同じ種類の縦渦である．したがって，物体が 3 次元であるために生じるもので，流れに垂直な断面内における圧力差に起因する．図 5.10 に示すように角部分のフェアリングが重要となる．

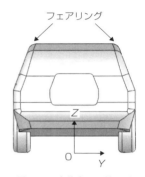

図 5.10 車後方から見た図

横風によって，流れ全体が車の斜め前方から当たることになる．このため，直進方向に対してのはく離対策だけでは，この状況に対応できない．つまり，斜め方向からの流れに対してもはく離を抑えられるように形を設計しなければならない．流れが斜めに当たる代表的な例は，図 5.11 に示すような三角翼のはく離渦の発生機構である．渦の中心における低圧が翼壁面の圧力分布に影響し，いわゆる渦揚力の原因となる．これが

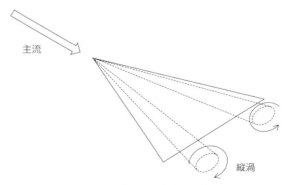

図 5.11 三角翼に発生する翼端渦

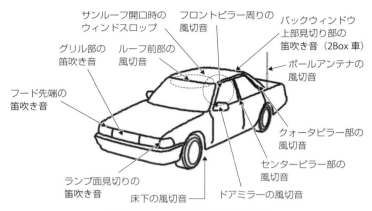

図 5.12 車周りから発生する空力騒音
[炭谷圭二ほか，自動車と流体力学：車体周り流れと空力特性，ながれ，**23**，2004，pp.445-454 より]

車の側面にできることで横力となり，高速走行時におけるふらつきの原因となる．これらの対策として，車床面での圧力対策，タイヤディフレクタでの流れ改善がある．

◢ 空力騒音

車で発生する騒音を図 5.12 に示す．隙間や細い溝の上を過ぎるはく離せん断層による風切音，グリルによる笛吹き音，ドアミラーからはく離するせん断層からの風切音とサイドウィンドウとの干渉音，などである．これらもはく離が原因なので，はく離対策をすることで減音することができる．

コラム 車の燃費計算

車が前に一定速度で走っているとき，エンジンの出力は何に使われているかというと，車に作用する抵抗力と同じ大きさの推進力 T [N] を生み出すことである．このときの抵抗力は，路面とタイヤの間に生じる転がり抵抗 F_{roll} [N] と車に作用する空気抵抗 F_{air} [N] の和である．すなわち，

$$T = F_{roll} + F_{air} \text{ [N]}$$

である．もしこれらがなければ，ある一定速度で走っているときはエンジンを切って推進力を発生させなくても走れることになる．実は，電車は一定速度で走行する

5.4 車周りの流れ

ときにはモーターの電源を切って惰性で走っている．車輪とレールとの転がり抵抗係数が 0.0002 とタイヤと路面との転がり抵抗係数 0.015 に比べ 2 桁小さいのでこのようなことができる．

さて，転がり抵抗 F_{roll} は転がり抵抗係数 μ_r，車の車重 W [N] を用いて，

$$F_{\mathrm{roll}} = \mu_\mathrm{r} W$$

と表される．車速には関係がなく，車が重いとそれだけ転がり抵抗も増えることがわかる．これに対して，空気抵抗 F_{air} は車速 u [m/s]，空気密度 ρ [kg/m³]，車の投影面積 A [m²]，抵抗係数 C_D を用いて次のように表される．

$$F_{\mathrm{air}} = C_\mathrm{D} \frac{1}{2} \rho u^2 A$$

空気抵抗は車速の 2 乗に比例する．したがって，速く走るほど空気抵抗は急激に大きくなる．

具体的に数値を入れて，一定速度 $u = 28$ m/s（＝時速 100 km/h）で走るときの推進力を見積もってみよう．車重 $W = 1250$ kgf（$= 12.25 \times 10^3$ N），投影面積 $A = 1.77$ m²，抵抗係数 $C_\mathrm{D} = 0.3$，$\mu_\mathrm{r} = 0.015$，空気密度 $\rho = 1.2$ kg/m³ とする．

$$F_{\mathrm{roll}} = 0.015 \times 1250 \times 9.8 = 184 \text{ N}$$

$$F_{\mathrm{air}} = 0.3 + \frac{1}{2} \times 1.2 \times 28^2 \times 1.77 = 250 \text{ N}$$

したがって，トータルの抵抗 F_t は 184 N + 250 N = 434 N となる．これが一定速度 28 m/s で走るときに必要な推進力 T となるので，$T = F_\mathrm{t} = 434$ N である．

この力で走るのであるから，これに必要なエンジンのパワー P [W] は，

$$P = T \times u \text{ [W]}$$

より，$P = 434 \times 28 = 12200$ W である．馬力でいうと 1 馬力 = 735.5 W なので，これで割ると，16.6 馬力である．

これで 1 時間走るときの必要なエネルギー E [J] はパワーに時間を秒に換算したものをかければ求まるので，

$$E = 12200 \times 3600 = 44 \times 10^6 \text{ J}$$

である．

さて，ガソリンの持つエネルギー E_{gasoline} は 1 L 当たり 3.5×10^7 J である．このうちいろいろな損失を考慮して $\eta = 15\%$ が有効に使えるものとしよう．したがって，1 L のガソリンは $3.5 \times 10^7 \times 0.15 = 5.25 \times 10^6$ J/L となる．先に求めた 1 時間走るのに必要なエネルギーをこのガソリンで補うのに，

$$44 \times 10^6 \div 5.25 \times 10^6 = 8.4 \text{ L}$$

が必要であることがわかる．1時間では距離 100 km を走るのであるから，この量で距離を割ると，1 L 当たりで走れる距離が出せる．つまり，100 km ÷ 8.4 L = 12 km/L である．これが燃費 FC である．したがって，FC は

$$\text{FC} \propto \frac{\eta E_{\text{gasoline}}}{\mu_r W u + C_D \dfrac{1}{2} \rho u^3 A}$$

と表せることがわかる．つまり燃費を良くするには車重を軽くする，C_D 値を下げる，投影面積を小さくする，車速を抑えるということがわかる．もちろんガソリンの利用効率 η を上げること，ガソリン以外でもっと高いエネルギーを持つ燃料を使うということも重要であることがわかる．

6 微小世界での現象

6.1 低レイノルズ数流れ

　本節では低レイノルズ数流れについて検討する．すなわち，小さな世界で広く見られる流れについて考える．レイノルズ数については第7章を参照すること．流体の運動を表す式はナビエ・ストークス方程式（Navier-Stokes equation）であるが，レイノルズ数が小さいとき，ナビエ・ストークス方程式の移流項を無視することができる．このときの流れを低レイノルズ数流れ（ストークス流れ）と呼ぶ．さらに，外力がない状態を考え，定常状態のみに注目することで，ナビエ・ストークス方程式は，

$$\nabla p = \mu \nabla^2 \mathbf{u} \tag{6.1}$$

と近似することができる．ここで，$\mathbf{u}=(u_x, u_y, u_z)$ は3次元空間における流速を，p は圧力を表す．非圧縮性流体と仮定すると，連続の式から，

$$\nabla \cdot \mathbf{u} = 0 \tag{6.2}$$

が得られる．これら2式を連立させた方程式の解は，低レイノルズ数流れを表している．低レイノルズ数流れに関する知見は多いが，ここではその基本となる3次元球の周りの流れについてのみ考える．

　一様流の中に中心が原点にある半径 a の球状の障害物を置いて，十分に時間が経ったときの障害物周りの流れ場を考える．そのために，図6.1のような，3次元直交座標系で P(x, y, z) と表される点を (z, r, θ) という変数の組で表す座標系（円柱座標系）を導入する．これは，z 軸と直交する面上の位置を表すのに2次元極座標系を導入す

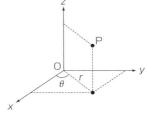

図6.1 円柱座標系 (z, r, θ) の定義

ることを意味している．

　一様流の向きがz軸方向になるように円柱座標系を決めて，原点に半径aの球を置く．このとき，球の軸対称性からθ依存性はなくなる．一般にθに依存しない流れを**軸対称流れ**（axisymmetric flow）と呼ぶ．ここで，流れ関数と呼ばれる，以下の条件を満たすスカラー関数 $\Psi(z, r)$ を導入する．

$$u_z = \frac{1}{r}\frac{\partial \Psi}{\partial z}, \quad u_r = \frac{1}{r}\frac{\partial \Psi}{\partial r} \tag{6.3}$$

u_zとu_rは，z方向の速度成分，z軸に直交する方向の速度成分である．この条件と低レイノルズ数流れを表す連立方程式を満たす $\Psi(z, r)$ が見つけられれば，この関数を用いて流れ場を得ることができる．

　結論のみ述べると，円柱座標系において，中心が原点にある半径aの球状の障害物周りのz軸について対称な流れを表す流れ関数は以下のようになる．

$$\Psi(z, r) = \frac{1}{4}Ur^2 \left\{ 2 + \frac{a^3}{(z^2+r^2)^{\frac{3}{2}}} - 3\frac{a}{(z^2+r^2)^{\frac{1}{2}}} \right\} \tag{6.4}$$

この流れ関数を用いて表される流れ場を図6.2に示す．ただし，図6.2はzとrを球の半径で割った系を用いている．左は，流れ関数から得られる静止した球の周りの流れ場を示している．右は，流れ関数から得られた流れ場を，速さ

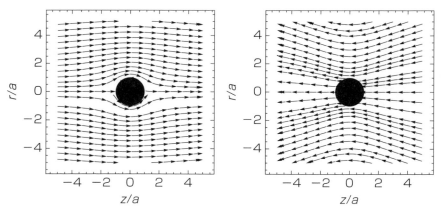

図6.2 球の周りのストークス流れ
左：左から右への流れの中で球を固定した場合．右：球を一定速度で左に引いた場合．

U で z 軸方向に動く座標系から見たときの流れ場を示している．すなわち，静止した流体において球を一定の速さ U で z 軸の負の方向に引いたときに見られる流れ場である．

流れ関数の式を用いると，速さ U の一様流の中に置かれた球に働く力が，

$$F = 6\pi\mu a U \tag{6.5}$$

と導かれる．これは，一様流と同じ向きに半径に比例した力で抵抗が働くことを意味している．これは，図 6.2 の右に示したように，静止した流体の中で一定の速度で球を引くときに必要な力の大きさでもある．

6.2 球の周りのストークス流れの応用

球の周りのストークス流れの応用例として，粒子の沈降実験を考える．この実験は，半径が小さな粒子がたくさんあるときに（これを粉体もしくは粒状体という），その粒径分布（どの大きさの粒子がどれぐらいの割合で含まれているか）を求めるために用いられる．水でしめらせた粉体を，水を入れたシリンダーの中に投入して，終端速度を計測することによって粒子の粒径を求める．終端速度とは，粒子の沈降が十分に進んで一定値に達したときの速度である．低レイノルズ数流れの場合，終端速度に到達する時間は速いことが知られている．以下では，粒子の密度と終端速度，そして流体の密度と粘性係数から，その粒径を推定する仕組みを説明する．

粒径分布の推定は重力（万有引力によって生じる力），浮力（深さによる静水圧の違いによって生じる重力とは逆向きの力），そして抗力（粘性流体中の移動によって生じる移動速度と逆向きの力）という 3 種類の力がはたらく粒子の運動方程式を用いる．これは，一般的には以下の式で表すことができる．

$$m\frac{dv}{dt} = F_g - F_b - F_r \tag{6.6}$$

ここで，m は粒子の質量，v は粒子の速度，F_g は重力，F_b は浮力，F_r は粘性による抗力を表している．以下では，それぞれの項を重力項，浮力項，そして抗力項と呼ぶ．粒状体の沈降実験の場合には，粒子の密度 ρ，粒子の半径 a，重力加速度 g，水の密度 ρ_w を用いて，

$$\left(\rho \frac{4}{3}\pi a^3\right)\frac{dv}{dt} = \left(\rho \frac{4}{3}\pi a^3\right)g - \left(\rho_w \frac{4}{3}\pi a^3\right)g - 6\pi\mu a v \qquad (6.7)$$

と表される.抗力項は,前節のように粒子が球状であることと低レイノルズ数流れであることを仮定した.この微分方程式の解は

$$v(t) = \frac{2}{9}\frac{a^2(\rho - \rho_w)g}{\mu}\left\{1 - C\exp\left(-\frac{9\mu}{2a^2\rho}t\right)\right\} \qquad (6.8)$$

である.また,C は初期条件によって決まる定数である.図6.3に解の例を示した.このように,微小な粒子は数秒で終端速度に達する.終端速度 U は v の式で,$t \to \infty$ の極限を求めることによって得られる.

$$U = \lim_{t \to \infty} v(t) = \frac{2}{9}\frac{a^2(\rho - \rho_w)g}{\mu} \qquad (6.9)$$

このとき,式 (6.9) の左辺を 0 とおいて a について解くことによって,

$$a = \sqrt{\frac{9\mu U}{2g(\rho - \rho_w)}} \qquad (6.10)$$

を得る.したがって,実験によって得られた v の値から a の値を推定することができる.

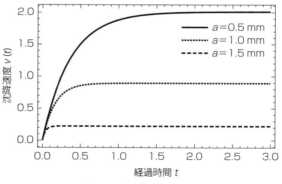

図 6.3 沈降実験の解の例

6.3 多孔質流れ

　ここでは，多孔質な媒体における流体（間隙水）の流れを考える．多孔質とは固体の間に微小な隙間がたくさんある性質をいい，多孔質な媒体における流れを**多孔質流れ**（porous flow）もしくは**浸透流**（permeable flow）という．流体の流れを示す方程式はナビエ・ストークス方程式であるが，この方程式が扱うのは，検討する領域において流体が占める割合が障害物に比べて十分に大きい場合の現象である．そのため，媒体の隙間を流れる現象に適用するには，隙間のスケールで流れを見なければならない．このとき，系を作る特徴的な長さが小さくなるので，低レイノルズ数流れの考え方を用いることになる．

　多孔質流れの方程式はダルシー則と呼ばれている．ダルシー則は以下の形をしている．

$$\frac{\partial h}{\partial t} = c \nabla^2 h \tag{6.11}$$

ここで，h は水頭，c は透水係数と呼ばれている．つまり，多孔質流れを知ることは，式（3.3）に示した熱伝導方程式を知ることと数学的には同じである．水頭は完全流体でのエネルギー保存則であるベルヌーイの式（式（15.2））における位置エネルギーに相当している．ダルシー則は経験則（観察から得られた法則）であるが，隙間における流れがストークス流れであると考えることから理解できる．

6.4 マクロに見られるミクロな現象（ブラウン運動）

　我々の日常において変化に気が付くぐらいのスケールで起きている現象をマクロな現象，変化に気が付かないぐらい小さいスケールで起きている現象をミクロな現象と呼ぶ．例えば，我々は自動車が動いているか止まっているかはわかるので，自動車が動くことはマクロな現象である．それに対して，我々は身の回りの空気を構成する個々の分子がどのように動いているか気が付くことはないので，空気を構成する分子の運動はミクロな現象である．ここでは，マク

ロな現象とミクロな現象を結び付ける例である**ブラウン運動**（Brownian motion）について考える．ブラウン運動とは液体中の微小粒子が熱揺動による分子の影響を受けて運動する現象である．この現象は，植物学者のブラウン（Robert Brown）が水に浮かべた花粉を顕微鏡で観察して初めて発見された．それとは別に，物質が原子で構成されることを確認する手法として物理学者のアインシュタインが理論的な枠組みを作り上げた（p.63 のコラム参照）．

液体中に置かれた球状の微小粒子についての運動方程式は，ストークス抵抗の式と熱揺動による流体分子の衝突によって記され，

$$m\frac{dv}{dt} = -6\pi\mu a v + \eta(t) \tag{6.12}$$

と表される．ここで $\eta(t)$ は揺動力を表している．揺動力は，

$$\langle \eta(t) \rangle = 0, \quad \langle \eta(t)\eta(t') \rangle = 2D'\delta(t-t') \tag{6.13}$$

という統計的な性質を持つ．ここで，記号 $\langle \cdot \rangle$ は期待値をとることを意味している．つまり，揺動力はその瞬間の大きさが無限大であるが，時間平均はゼロであり，異なる時刻間で相関がない．このような統計的な性質を持つ関数を白色ノイズという．D' は，揺動力の強さを表していて，

$$D' = 6\pi\mu a k T \tag{6.14}$$

という関係が成り立つことが知られている．ここで，k はボルツマン定数である．

白色ノイズを含む運動方程式は，**ランジュバン方程式**（Langevin equation）と呼ばれている．位置 $x(t)$ についての方程式,

$$m\frac{d^2 x}{dt^2} = -6\pi\mu a\frac{dx}{dt} + \eta(t) \tag{6.15}$$

もランジュバン方程式である．ランジュバン方程式は，いたるところで大きさが無限大になる関数（白色ノイズ）が含まれているために取り扱いが難しいことが知られている．

ランジュバン方程式を解く代わりに，そのランジュバン方程式に対応する確率微分方程式を検討する方法が広く用いられている．確率微分方程式は，**標準ウィーナー過程**（standard Wiener process）という，平均 0 で分散が t である正規分布に従うランダムな関数 $W(t)$ を用いて，確率変数 $X(t)$ についての微

分方程式を以下のように表現する．

$$dX(t) = a(t, X)dt + \sqrt{b(t, X)}dW(t) \tag{6.16}$$

ここで，$dX(t)$ および $dW(t)$ は，微小時間 dt の間の $X(t)$ および $W(t)$ の増分を表す．すなわち，時間 dt の間に発生した白色ノイズによる効果を，時間 dt の間の標準ウィーナー過程の増分で近似する．このように，確率微分方程式は決定論的な項と標準ウィーナー過程を用いた確率論的な項を組み合わせて作られる．

ランジュバン方程式の検討方法の1つに，$X(t)$ の確率密度関数 $P(X, t)$ を求める方程式である**フォッカー・プランク方程式**（Fokker-Planck equation）を導入する方法がある．上に示した確率微分方程式に対応する $P(x, t)$ についてのフォッカー・プランク方程式は，

$$\frac{\partial P}{\partial t} = -\frac{\partial}{\partial x}\{a(t, x)P\} + \frac{1}{2}\frac{\partial^2}{\partial x^2}\{b(t, x)P\} \tag{6.17}$$

と熱伝導方程式（3.3）と同じ形になることがわかる．すなわち，ミクロな世界の現象は積み重なって拡散項となり確率密度関数に影響する．そして，その結果として，マクロな現象となって観測に現れる．

確率微分方程式の単純な（しかし，精度の良くない）数値シミュレーションの方法にオイラー・丸山法がある．これは，確率微分方程式を以下のスキームを用いて計算するものである．

$$x(t + \Delta t) = x(t) + a(t, x(t))\Delta t + \sqrt{b(t, x(t))}\Delta W \tag{6.18}$$

ここで，ΔW は標準ウィーナー過程の有限時間 Δt における変化量を表し，確率 $1/2$ で $+1$ または -1 をとる時刻について独立な乱数 $\xi(t)$ を用いて，

$$\Delta W = \sqrt{\Delta t}\,\xi(t) \tag{6.19}$$

で近似される．このとき，標準ウィーナー過程の近似計算は，

$$W(t) = W(n\Delta t) = \sum_{i=1}^{n} \Delta W = \sqrt{\Delta t}\sum_{i=1}^{n} \xi(i\Delta t) \tag{6.20}$$

となる．時間刻みを変えて標準ウィーナー過程を近似計算した例を図6.4に示した．各時刻における統計的な性質が Δt によらないことがわかる．

ブラウン運動を行う粒子の速度変化を表す確率微分方程式はオルンシュタイン・ウーレンベック過程と呼ばれている．これは以下のように表される．

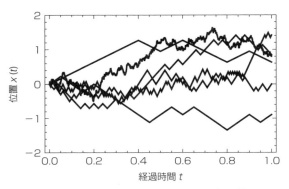

図 6.4 時間間隔が異なる標準ウィーナー過程の近似例

$$dv = -\frac{6\pi\mu av}{m}dt + \frac{\sqrt{2D'}}{m}dW \tag{6.21}$$

図 6.5 にオイラー・丸山法を用いてオルンシュタイン・ウーレンベック過程を数値計算した例を示した．条件は，粒子を粒径 0.1 mm のシリカとし，20 ℃の水中にあるものとした．粒子の初期速度は 0 m/s である．粒子は速度を変えながら 0 m/s に収束することなく，運動し続ける．

ここまでの議論でもわかるように，ミクロな世界の現象である流体分子の熱揺動の効果は「拡散」という形でマクロな現象として現れる．そのため，たとえマクロな現象を扱う場合であっても，ミクロな現象を単純に無視することは

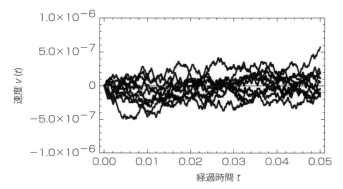

図 6.5 オルンシュタイン・ウーレンベック過程の数値計算例

できない.近年注目されているナノ・メートルの世界でのものづくりにおいては,熱揺動の影響を無視することができない.したがって,確率微分方程式は小さなものづくりのために今後重要なツールとなっていくことが予想される.

コラム　アインシュタイン・確率微分方程式

物理学者アルバート・アインシュタイン(Albert Einstein)は相対性理論で有名であるが,ノーベル物理学賞の受賞は本章で説明したブラウン運動の理論と光量子論の功績によってである.ブラウン運動の理論の発表当時は物質の構成要素が原子や分子といった微小な粒子であることが確立されていなかった.実際の実験結果によってブラウン運動の理論が正しいことが確認されたことで,物質が粒子によって構成されることが立証された.

ブラウン運動の理論はランジュバン方程式を経て確率微分方程式という形で数学的に整備されていった[8].これは,どうしても偶然性が入ってしまう現象を扱うための数学的な方法が広く要求されていたためである.本章で確率微分方程式が導入されたのが分子の運動がランダムであるためだったことを思い出そう.結果として,確率微分方程式は理工学に留まらずに応用範囲が広がっている.例えば,経済学では株価の変動をモデル化する際にも用いられてる.マイロン・ショールズ(Myron S. Scholes)は,確率微分方程式をもとにした理論展開によってノーベル経済学賞を受賞している.

確率微分方程式の数学的な発展に大きく貢献した人物に伊藤清がいる.伊藤は標準ウィーナー過程をもとに表される確率過程を積分する方法(伊藤積分と呼ばれている)を定義し,その積分法が従う定理(伊藤の定理)を導出した.この貢献により,伊藤清は確率論の分野では広く知られた存在になっている.

7 流れの力を制御

7.1 相 似 則

　図7.1に示すような航空機を考える．燃費を向上するため流れを制御する装置を主翼や水平尾翼に取り付けたいとしよう．このとき，その装置がどれだけ優れたものかを評価せねばならない．しかし実際の航空機を使う試験は，実験施設の場所および費用の問題から現実的ではない．このような実機での試験が難しい場合に，相似則を用いて実験し評価する．

　図7.1の上図は実機サイズの航空機とする．図7.1下図は寸法が1/2となるように作製したものである．寸法を1/2にしたため，流れに対する投影面積（断面積）は $1/4 = (1/2)^2$，体積は $1/8 = (1/2)^3$ となった．これだけでも実験施設としては非常にコンパクトになった．では，この小さくした航空機でどのように実験をすればよいのか．そのためにレイノルズ数を用いる．レイノルズ数

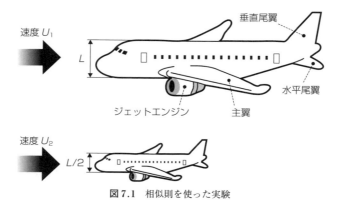

図7.1　相似則を使った実験

Re は慣性力と粘性力の比で

$$Re = \frac{UL}{\nu} \tag{7.1}$$

のように表される（式（5.2）も参照のこと）．ここで U [m/s] は流れの代表速度，L [m] は流れの代表寸法である．また ν [m^2/s] は流体の動粘性係数で

$$\nu = \frac{\mu}{\rho} \tag{7.2}$$

のように定義される．この μ [Pa·s] は粘性係数，ρ [kg/m^3] は流体の密度である．このレイノルズ数が大きい場合には慣性力の影響が強く，小さい場合には粘性力の影響が強い．基本的にはレイノルズ数が同じ場合，流れ場の様子は同一となる．したがって，図 7.1 のように寸法が 1/2 とした場合，流れの代表速度 U を 2 倍にすれば同じ流れとして扱うことができる．またレイノルズ数が 2300 よりも大きいときを流体工学では**乱流**（turbulence）と呼び，それ以下では**層流**（laminar flow）と呼ぶ．層流は乱れの少ない流れとなる．

7.2 数 値 解 析

　実験的に調べる方法以外にも，コンピュータを使った数値解析により調べることができる．数値解析であれば，実験施設をコンピュータの中に作るようなものであるから，空間的な広さにとらわれる必要はない．ただし実験にも制約があるように数値解析にも制約はあるため，必要に応じて手法を選択しなくてはならない．

　図 7.2 に数値解析を行う流れについて示す．解析したい流れに対して，乱流なのかどうかや流体の物性はどのようなものかといった点から物理モデルを構築し，流れを数式で表さなければならない．この状態では，数式は偏微分方程式の状態である．偏微分方程式により，流れ場の状態を記述することはできている．しかしこれを数値的に"解く"ことは大変困難である．そこでその偏微分方程式をどのような手法で解いていくのか決定しなくてはならない．また計算をするための格子を作らねばならない．この格子とは，計算領域の空間を分割し，分割した各点ごとに解くためである．このようなコンピュータで数値的

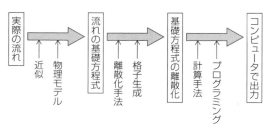

図 7.2　数値解析の流れ

に解くための工程を**離散化**（discretization）という．離散化することにより，偏微分方程式を四則演算で表すことが可能な**代数方程式**（algebraic equation）となる．この代数方程式を処理するためのプログラムを作成する．このプログラムから得られた結果はコンピュータグラフィックス（CG）などを用いて視覚的に理解しやすいように出力をする．

◢ 格子生成

第4章で示したように，流体の運動にも，質量・運動量・エネルギーの保存則が適用される．この保存則を満足する流れの基本方程式が立てられる．この後，方程式と流れ場を離散化していく．流れ場を空間的に分割するために，格子（メッシュ）を生成する．この格子生成の代表例を図7.3に示す．ここでは翼周りの流れを解析しているとする．太い実線は格子によって作られた流体と翼との境界を表している．碁盤の目状に格子を生成しているのが**直交座標格子**である．これならば格子の生成も計算も簡単に行うことができる．しかし翼と流体の境界が凸凹になっており，滑らかに表現できていない．これは，格子を非常に細かくすることによって解決できる．ただし格子が増えれば，計算量も増えて膨大な時間を計算に費すことになり得る．格子を小さくする以外の解決

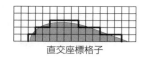
直交座標格子

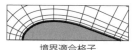
境界適合格子

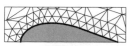
非構造格子

図 7.3　格子の形状

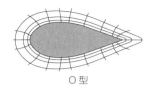
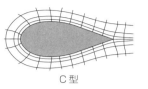
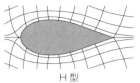

図7.4 境界適合格子の形

方法として，**境界適合格子**のように境界に沿って格子を生成する方法がある．これならば翼に沿って滑らかに境界を設定できる．これらの直交座標格子や境界適合格子のような整然と格子が配置されたものを**構造格子**と呼ぶ．それに対して，翼に沿って境界を設定しているが，必ずしも規則的に格子を配置していないようなものを**非構造格子**と呼ぶ．非構造格子を用いれば，複雑な形状に対応がしやすくなる．

　境界適合格子にも格子の配置の方法により，見た目の形は変わる．一般的に計算に良い格子とは，歪みが少なく（直交性が良く）必要十分な量の格子が配置されていることである．図7.4に境界適合格子の例を示すが，O型は適度に格子が配置され，格子の歪みも小さく見える．だが翼の後縁付近の鋭い形状では，歪みが目立ってきている．C型では，後縁付近でも歪みは小さく見える．H型のような格子は，タービンや風車の翼周りなど複数の翼周りの流れを解析することに適した形状である．

7.3 離　散　化

　流れ場の様子を数値的に得るために離散化を行うが，この離散化の代表的な手法には，差分法・有限体積法・有限要素法がある．この各種法の違いについて図7.5に示す．

◢ 差分法

　差分法は流体や物体を図のように格子で区切り，格子を1つの要素として捉える．これを格子点と呼ぶ．また格子点と格子点の間の値については考えないことを基本としている．微分方程式を代数方程式とするため，差分法では

$$\frac{du(x_{i,j})}{dx} = \frac{u(x_{i+1,j}) - u(x_{i-1,j})}{2\Delta x} \tag{7.3}$$

のように勾配（微分）によって近似する．特に速度 u を求めたい (i, j) の格子点の前後で挟み込むように求めるものを**中心差分**と呼ぶ．他の差分手法については，後ほど示す．このように差分法では隣接する格子点の情報に基づいて算出するため，構造格子が使われる．

◢ 有限体積法

図 7.5 のように，この手法では格子を検査体積（またはコントロールボリューム）として，ここへの流入と流出および検査体積内部での発生と消滅をもとに算出する．したがって 2 次元流れの場合，格子の中の点の情報ではなく，"面"の情報として計算をする．そのため点の情報を積分し，面の情報として捉えて計算をする．検査体積への流入と流出を考えるため，構造格子・非構造格子ともに適用できる．

◢ 有限要素法

2 階の偏微分方程式について，制約を"弱く"することで 1 階の偏微分方程式にしたもの（弱形式という）を用いる．格子点ではなく，格子の頂点が持つ

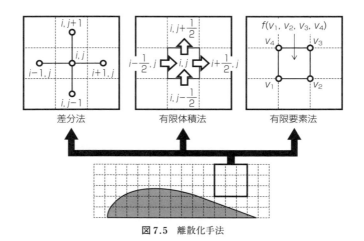

図 7.5　離散化手法

数値と補間関数により流体の運動を計算する．格子の頂点をもとに計算するため，構造格子・非構造格子ともに適用が可能である．

◼ 有限体積法による解析

ここでは流れをテーマとしてきたが，熱の伝わり（拡散）についても同様の手法で解くことができる．図7.6のように長さ$L=0.5\,\mathrm{m}$の棒の両端を加熱している．片方の端は$T_\mathrm{L}=100\,{}^\circ\mathrm{C}$とし，もう一方の端を$T_\mathrm{H}=500\,{}^\circ\mathrm{C}$で加熱している．

このとき熱の伝わりを表す基礎方程式は

$$\frac{d}{dx}\left(k\frac{dT}{dx}\right)+S=\frac{dT}{dt} \tag{7.4}$$

と表される．xは熱している棒左端からの距離，Tは棒の温度，kは熱伝導率で$k=1000\,\mathrm{W/(m\cdot K)}$とする．時間的に変化のない定常な解を求める場合，温度の時間変化はないため$dT/dt=0$となる．ここでは定常状態を考えることとする．また棒に対して熱源からSとして熱が加えられる．解析を進めるためには格子を生成しなくてはならない．ここでは棒であるため，1次元の問題として捉えると図7.7のようにすることができる．計算を簡単にするためここでは5つに分割をしている．以降，図からのイメージがしやすいように格子を点と呼ぶ．点間の距離はδx，熱源と近接する点までの距離を$\delta x/2$とする．したがって$\delta x=L/5=0.1\,\mathrm{m}$となる．またここでは有限体積法を用いて離散化を行う．図7.5で検査体積と呼んだ領域は，図7.7では斜線部分となる．基礎方程式をこの検査体積当たりに積分すると

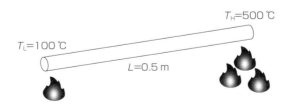

図7.6　丸棒における熱伝達

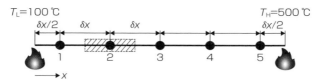

図 7.7 モデル化および格子の生成

$$\int_{\Delta V} \frac{d}{dx}\left(k \frac{dT}{dx}\right) dV + \int_{\Delta V} S dV = 0 \tag{7.5}$$

また有限体積法では，流体の流入・流出をもとに考えるため

$$\left\{\left(\frac{k}{\delta x}A\right)_{i+1} + \left(\frac{k}{\delta x}A\right)_{i-1} - S_i T_i\right\} T_i = \left(\frac{k}{\delta x}A\right)_{i-1} T_{i-1} + \left(\frac{k}{\delta x}A\right)_{i+1} T_{i+1} + S_u \tag{7.6}$$

として熱の拡散が1次元で考えられ，基礎方程式の離散化ができた．これを実際に各点で計算をしていけばよい．これらをまとめれば

$$a_i T_i = a_{i-1} T_{i-1} + a_{i+1} T_{i+1} + S_u \tag{7.7}$$

と書くことができる．この各項ごとに表計算ソフトで計算をすれば，特定のプログラミング言語を用いないでも値を得ることができる．ただし棒の両端は加熱している．こういった物体の境界の状態を境界条件として考慮しなくてはならない．そこで点1を例に考えてみる．点1では T_L の熱源があるため，離散化した式は

$$\left\{\left(\frac{k}{\delta x}A\right) - \left(-\frac{k}{\delta x/2}A\right)\right\} T_i = \left(\frac{k}{\delta x}A\right) \cdot 0 + \left(\frac{k}{\delta x}A\right) T_2 + \left(\frac{k}{\delta x/2}A\right) T_L \tag{7.8}$$

となる．右辺第1項は点1の左側に格子はないため $T=0$ となる．右辺第3項

表 7.1 離散化した各項の内容

点	a_{i-1}	a_{i+1}	S_u	S_p	a_i
1	0	$\frac{k}{\delta x}A$	$-\frac{k}{\delta x/2}A$	$-\frac{k}{\delta x/2}AT_L$	$a_{i-1}+a_{i+1}-S_i$
2〜4	$\frac{k}{\delta x}A$	$\frac{k}{\delta x}A$	0	0	$a_{i-1}+a_{i+1}-S_i$
5	$\frac{k}{\delta x}A$	0	$-\frac{k}{\delta x/2}A$	$-\frac{k}{\delta x/2}AT_H$	$a_{i-1}+a_{i+1}-S_i$

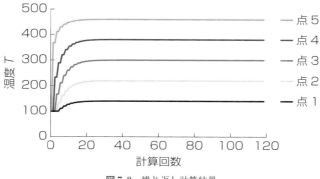

図7.8 繰り返し計算結果

は熱源から供給されるものである．点5も含めて各点で各項の内容をまとめると表7.1のようになる．

図7.2に従えば，ここでプログラミングを行うことになる．実際に計算を行う場合，1回計算を行えば計算結果が得られるわけではない．計算をするためには，初期値を決定し，表7.1の内容を踏まえて**繰り返し計算**（iteration）を行う．繰り返し計算を行い定常な値が解となる．ただし必ず定常な値になるわけではない．計算をするうえで格子の大きさなど，ここまでの過程で決定した内容しだいでは解が発散してしまう．発散した場合には計算はできていない．実際に点1〜点5の温度の初期値を $T=100$ ℃として120回繰り返し計算をした結果を図7.8に示す．初期値ではすべての点で $T=100$ ℃であったが，熱源の影響で温度が上昇し120回目には定常な解が得られている．またこれを解析解とともにグラフに表すと図7.9のようになる．このとき解析解とは，数学的に得られる誤差のない解のことである．この解析解は

$$T = 800x + 100 \tag{7.9}$$

で得られる．解析解と計算結果が一致していることがわかる．しかしここに流れに対する影響があったり，2次元空間や3次元空間で考えたりする場合は，計算が複雑になり計算結果と解析解との間に誤差が出てくる．さらにいえば，この解析解が得られていないものの方が多いのではないだろうか．したがって本章で取り扱ってきた，流れの力を制御する装置を開発したときに「数値解析の結果＝実現象」とは言い切れないことは理解してほしい．

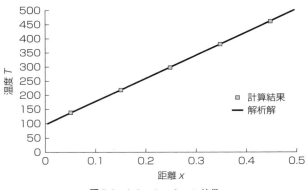

図 7.9　シミュレーション結果

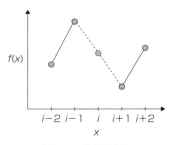

図 7.10　中心差分法

　このような誤差を小さくするための1つの方法として，格子を細かくすることが考えられる．他にも格子間での差分の取り扱い方法がある．例えば上述した中心差分法がある．これは求めたい点の上流と下流にある点から推測するものである．図 7.10 に中心差分法について示す．ここで求めたい点は $x=i$ の点，既知の点はそれ以外の点である．ここでわかっている $i-1$ と $i+1$ での値を用いて

$$\frac{df(x)}{dx} = \frac{f(x_{i+1}) - f(x_{i-1})}{2\Delta x} \qquad (7.10)$$

のようにして得る．ただしこの中心差分法を用いた場合にも大きな誤差が生まれる場面がある．図 7.11 に中心差分法で誤差が生まれる例を示す．真の値としては $x=i$ も $x=i-1$ も同じだが，中心差分を用いると点線で示されている値と

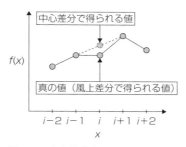

図 7.11　中心差分法では誤差が生まれる例

なってしまう．このような場面で用いるのが**風上差分法**と呼ばれるものである．風上差分法は，上流からの情報に重きを置いて差分を得るものであり

$$\frac{df(x)}{dx} = \frac{f(x_i) - f(x_{i-1})}{\Delta x} \tag{7.11}$$

として表される．この上流の情報だけを用いれば，図 7.11 に示すような例は解決できる．しかし風上差分法を用いれば，すべてが誤差なく安定した解を得られるわけではない．また風上差分法が適していたとしても，精度の低い差分を行っていれば，解析解との差が大きくなるばかりである．そこでここで示しているのは 1 次精度や 2 次精度の式であるが，より高次の 4 次精度で解析を行うといった方法も挙げられる．また数値計算を行ううえでは，すべてが割り切れるわけではない．小数点 10 桁で割り切れたとしても，計算機で小数点 8 桁までしか扱っていなければ意味がない．小数点 8 桁までしか扱っていない場合には，9 桁目で四捨五入し「丸める」か切り捨てて「打ち切る」ことで計算を行う．このようにして少しずつ蓄積されていく誤差を**丸め誤差**や**打ち切り誤差**と呼ぶ．有効数字を定めたうえで解析を行ってほしい（有効数字については p.6 のコラム参照）．

8 ネットワーク

8.1 自然界や人工物のネットワークの形と役割

この地球上には，人工か天然かを問わず多くのネットワークが存在する．このネットワークは有形無形を問わず，モノとモノをつなぎ何かを伝えるために存在する．人工物では図 8.1 に示すような交通網，図 8.2 に示す日本の道路網，送電網，水道網などが例として挙げられる．自然界に目を向ければ，図 8.3 に示すような葉脈によって形作られた葉のネットワーク，河川の合流や分岐のネットワークなど数多く存在する．そして人の目では直接見ることができないが，日常的に使用しているインターネットは情報に関するネットワークの最たるものではないだろうか．

図 8.1 の交通網と図 8.2 の道路網は，ともに人や物を運ぶための道であるこ

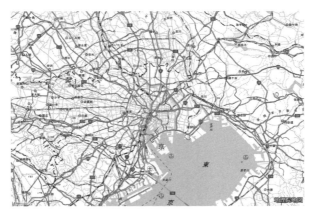

図 8.1 東京駅を中心とする交通網
［電子国土 Web（国土地理院）より］

8.1 自然界や人工物のネットワークの形と役割　　　　　　　　　　　　75

図 8.2 日本の主要な道路網
[ROOTS（平凡社地図出版）より]

(a) 羽状脈　　(b) 平行脈
図 8.3 葉に形成されたネットワーク

とに違いない．しかし高速道路は比較的に長い距離を移動するため，道路は距離の長短が限られていない．また葉脈も羽状脈と平行脈のように形は異なるが，ともに葉のネットワークであることには違いない．このような多くの場面で目にする，もしくは意識せずに使っているネットワークの形の違いによりどのような特徴があるのであろうか．また，その形状はどのようにして評価され，工学的に使われているかについて，本章では考える．

8.2 ネットワークの基本的な特徴

ネットワークは**グラフ理論**（graph theory）をもとに幾何学的に考えると，図8.4に示すとおり**ノード**（node）と呼ばれる節点が，**エッジ**（edge）と呼ばれる辺によってつながっているものである．これが複数つなぎ合わされ，ネットワークとなる．グラフ理論では，このノードとエッジの集合によって形成されるネットワークを**グラフ**（graph）と呼ぶ．また1つのノードに着目したとき，他のノードとの接続数を**次数**（degree）という．この次数が大きければ，他のノードと多くつながっていることになる．こういったグラフの特徴的な例としてオイラーグラフ，ハミルトングラフなどが挙げられる．

◢ オイラーグラフ

オイラーグラフについて説明をする前に図8.5（a）に示すグラフについて，起点を適当に決定し，そこからすべてのエッジを通って元の地点に戻ってくる軌跡を描くことができるか考えてほしい．簡単にすべてのエッジを通る一筆書きができたと思う．では図8.5（b）はどうだろうか．こちらもすべてのエッジを通り一筆書きができる．ただし起点と終点が異なる．図8.5（a）のようなグラフをオイラーグラフと呼び，図8.5（b）を半オイラーグラフと呼ぶ．では，経路を調べずともオイラーグラフかどうか見分けることができるだろうか．これは各ノードの次数を見ればよい．オイラーグラフの図8.5（a）では，すべてのノードの次数が偶数であり，すべてのノードがいずれかとつながり連結となっている．それに対して図8.5（b）の半オイラーグラフでは次数が奇数のノードを含んでいる．このように次数が奇数のノードを含んでいる場合，オイラー

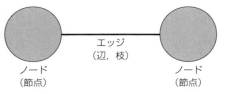

図8.4 ネットワークの構成要素

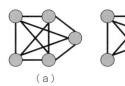

図8.5 オイラーグラフの例

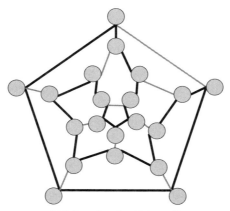

図8.6 ハミルトングラフの例

グラフにはならない．また半オイラーグラフになるのは次数が奇数のノードが2つのときである．

◤ハミルトングラフ

ハミルトングラフは，すべてのノードを一度ずつ通る経路が形成されること，そして経路の起点と終点が同一であるグラフである．図8.6にハミルトングラフの例を示す．黒い実線はハミルトングラフとしての経路を示している．このようにいずれかのノードを起点として黒の実線をたどるとすべてのノードを一度通過した後，起点となったノードに戻ってくる．オイラーグラフと同様にハミルトングラフが成立する必要十分条件を考えたい．しかしながらハミルトングラフの必要十分条件は未解決問題となっている．端的にいえば，やってみないとわからないということになる．だが十分条件についてはわかっている．1つには「グラフに十分多くのエッジがあれば，そのグラフはハミルトングラフである」というものである．より一般的なものとしては，オーレの定理がある．ここでは解説を省くが興味があれば，ぜひ確認をしてほしい．

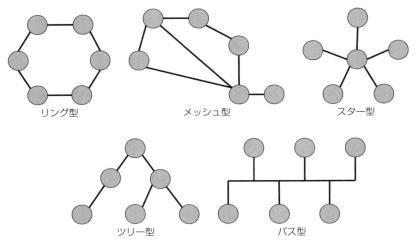

図 8.7　工学的なネットワークの形

8.3　ネットワークの形と特徴

　グラフ理論をもとにしたネットワークの分類だけでなく，使用環境や目的に合わせてネットワークは設計される．代表的なものとして図 8.7 に示すようなリング（ring）型・メッシュ（mesh）型・スター（star）型・ツリー（tree）型・バス（bus）型のネットワークがある．

◤ リング型ネットワーク

　リング型ネットワークは，1 つのノードから 2 つのノードにつながり起点と終点が同一となるネットワークである．データの流れる方向が一方向の場合，1 か所でもノードに故障があるとネットワークとして機能しなくなってしまう．またエッジの故障に対しては，ケーブル 2 本で接続するなど対策を行っている場合がある．

◢ メッシュ型ネットワーク

　各ノードから少なくとも1つ以上他のノードに接続しているネットワークである．このネットワークは迂回路が多く形成されるため，故障に対する耐性が非常に優れている．ただし接続数が多い（ノード次数が高い）場合，ハードウェアの導入コストも高くなる．このノード次数を調整し適正化する必要がある．ただし携帯電話やスマートフォンのように既にネットワークにつながれている場合，ソフトウェアによって構成されるネットワークでは導入コストは低く抑えられる可能性がある．具体例を p.80 で示す．

◢ スター型ネットワーク

　スター型ネットワークは，図のように1つのノードに集中して接続するような形態である．この集中して接続されているノードを**ハブ**（hub）と呼ぶ．ハブが故障しなければ，ネットワークとしての機能を維持しやすい．しかしハブが故障した場合には，ネットワークとしての機能を果たすことはできない．

◢ ツリー型ネットワーク

　これは名前が示すように木の根のような形態のネットワークである．図の下部をネットワークの上流とすると，下流にあるノードが故障してもネットワークへの影響は小さい．しかしながら上流にあるノードが故障した場合には，ネットワーク全体に影響を及ぼす可能性がある．こういったツリー型の構造は，第9章で示す機械学習などの分野でも「決定木」などとして活用されている．

◢ バス型ネットワーク

　バス型ネットワークは，1つのエッジにノードがぶら下がっているようなネットワークである．リング型ネットワークと同様に1つでもエッジに故障があると全体に影響が及ぶ可能性がある．ただし1つのノードが故障した場合であっても，他のノード同士が通信を行うことは可能である．

8.4 ネットワークの活用

　実際には，どのようにしてネットワークは使い分けられているのであろうか．コンピュータによって形成されるネットワークの例を図 8.8 に示す．クライアントサーバ型は，データが集約されているサーバにクライアントからアクセスする．そのため図 8.8（a）に示すようにサーバを中心としたスター型のネットワークが形成される．既に特徴として示したように，サーバが故障をした場合クライアント同士の情報共有やサーバに保存しているデータへのアクセスなどができない．データを一元的に管理することによる利便性はあるが，サーバ故障時にはネットワークとしての機能が果たせない．図 8.8（b）に示す P2P 型は，Peer to Peer（ピア トゥ ピア）の略である．これはサーバのような基盤となる機器を介さずに端末同士の接続により形成される．ネットワーク形状としては，メッシュ型ネットワークに近い形を有している．ただし端末同士の接続によって構成されるため，定まった形があるわけではない．この P2P 型最大の特長は，サーバのような機器がないため特定の機器における通信量が多くなりにくい（高スケーラビリティ）．またメッシュ型の特徴である，耐障害性の高さなどのメリットがある．これらの特長を生かして LINE や Skype などの IP 電話といった分野で応用された．また**モノのインターネット**と呼ばれる **IoT**（internet of things）と連携し，従来サーバを介して行っていた通信をスマートフォンなどの端末同士で行えるようになり，サービスに多様性が現れた．しか

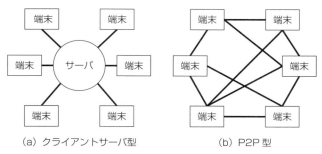

（a）クライアントサーバ型　　　　　（b）P2P 型

図 8.8　ネットワーク利用の実例

しP2P型のメリットを生かしたファイル共有ソフトによる著作権侵害などの違法で不適切な利用が問題となった.

8.5 ネットワークの評価

◤ ネットワークの形

　ネットワークを評価するうえで，見た目の形にとらわれてはいけない．例えばある1つのノードが他のノードとつながるエッジの数を次数ということを説明した．図8.9に次数と見た目の関係について示す．図の左部のネットワークは5つのノードで構成されている．その次数を数えると，次数4が1つ，次数2が2つ，次数1が2つとなっている．それに対して，図の右上部はノードが5つで次数3が2つ，次数2が1つ，次数1が2つとなっている．右下部のネットワークは，ノードが5つ，次数4が1つ，次数2が2つ，次数1が2つである．見た目の形でいえば，左部と右上部は同一であるが，次数が異なる．左部と右下部を比較すると見た目の形状は異なるが，次数は同一である．この場合，既に示したように見た目の形状は関係ない．次数がどうかということが重要である．そのため次数が同じ左部と右下部は同じネットワークとなり，右上部だけが違うネットワークとなる.

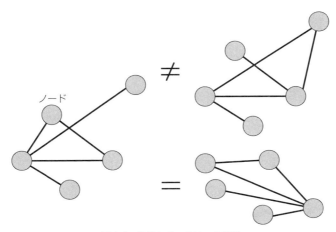

図 8.9　次数とネットワーク形状

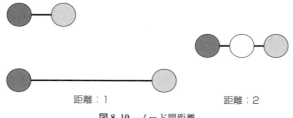

図 8.10　ノード間距離

◾ ノード間距離

　一般的に「距離」といえば長さを表し，1 m や 1 mm などのようになる．しかしグラフ理論ではノード間の距離を長さの単位を用いて示さない．図 8.10 にノード間距離について示す．ノード間距離は 2 つのノード間の最短経路におけるエッジ数を示す．例えば濃灰色を起点・灰色を終点としたとき，図左側のグラフではエッジが 1 本，右側のグラフでは 2 本となる．したがってノード間距離は，それぞれ 1 と 2 となる．

◾ スケールフリーネットワーク

　これまでに示してきた次数・ノード間距離などをもとにグラフ形状と特徴について示す．まずスケールフリーネットワークについて考えよう．

　スケールフリーネットワークの例を図 8.11 に示す．これは A, B, C, D と名付けられた 4 つのノードで構成されている．ノード名の下に括弧で示されている数字は，そのノードの次数を示している．したがって大部分のエッジの描画を省略しているが，A のノードには 100 本のエッジがつながっていることになる．前述のスター型ネットワークを思い出すと，A のような次数が集中しているノードをハブと呼ぶ．

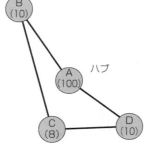

図 8.11　スケールフリーネットワークの例

　このスケールフリーネットワークの特徴を表すものを図 8.12 に示す．これは横軸に次数，縦軸にその次数を有したノードが存在する確率を示している．次数が低いものが存在する確率が高くなり，次数

郵便はがき

1 6 2 - 8 7 9 0

料金受取人払郵便

牛込局承認

4151

差出有効期間
2020年
3月31日まで

切手を貼らずこのままお出しください

東京都新宿区新小川町6-29
株式会社 朝倉書店
愛読者カード係 行

●本書をご購入ありがとうございます。今後の出版企画・編集案内などに活用させていただきますので, 本書のご感想また小社出版物へのご意見などご記入下さい。

フリガナ お名前		男・女	年齢　　　歳
ご自宅	〒　　　　　　　電話		
E-mailアドレス			
ご勤務先 学 校 名			（所属部署・学部）
同上所在地			
ご所属の学会・協会名			
ご購読 新聞　・朝日　・毎日　・読売 　　　・日経　・その他（　　　）		ご購読 雑誌（　　　　　　）	

23145

| 書名 | きづく！つながる！機械工学 |

本書を何によりお知りになりましたか

1. 広告をみて（新聞・雑誌名　　　　　　　　　　　　　　　　　　　　　　）
2. 弊社のご案内
   （●図書目録●内容見本●宣伝はがき●E-mail●インターネット●他）
3. 書評・紹介記事（　　　　　　　　　　　　　　　　　　　　　　　　　　）
4. 知人の紹介
5. 書店でみて　　　　　　6．その他（　　　　　　　　　　　　　　　　　）

お買い求めの書店名（　　　　　　　　　市・区　　　　　　　　　　書店）
　　　　　　　　　　　　　　　　　　　町・村

本書についてのご意見・ご感想

今後希望される企画・出版テーマについて

- 図書目録の送付を希望されますか？
  - ・図書目録を希望する
  - →ご送付先　・ご自宅　・勤務先

- E-mailでの新刊ご案内を希望されますか？
  - ・希望する　・希望しない　・登録済み

ご協力ありがとうございます。ご記入いただきました個人情報については，目的以外の利用ならびに第三者への提供はいたしません。また，いただいたご意見・ご感想を，匿名にて弊社ホームページ等に掲載させていただく場合がございます。あらかじめご了承ください。

8.5 ネットワークの評価

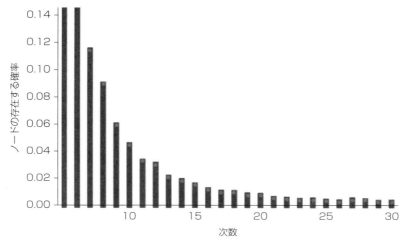

図 8.12 ノードが存在する確率と次数の関係

が高くなるにつれ確率が低下していく．この確率は

$$f(x) = ax^k \tag{8.1}$$

のように表され，べき乗で減少していく．ここで a, k は定数である．そのため図 8.11 のようなハブは低い確率だが存在することになる．例としては，空港が挙げられる．多くの空港は経路が限られているが，成田国際空港やフランスのシャルル・ド・ゴール空港などは世界中から人が集まり経由する「ハブ空港」となっている．

◢ スモールワールドネットワーク

スモールワールドネットワークは，規則的にノード同士がつながっている状態に不規則性が加わったものに見られる．図 8.13 にスモールワールドネットワークの例を示す．左側は規則的な接続によるネットワーク，右に行くにつれて不規則性が加わり，右側の図は完全に不規則な接続によって構成されている．この不規則性により，規則的なものよりノード間距離をすべてのノードで平均化した平均ノード間距離が短縮される．これはネットワーク上に，迂回路が形成されやすくなるためである．このスモールワールドネットワークの例としては，6次の隔たりが挙げられる．これは友人の友人というふうに6回たどれば

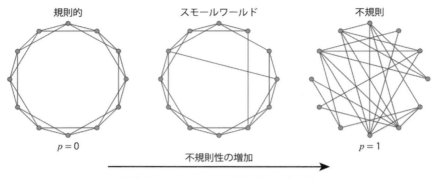

図 8.13 スモールワールドネットワークの例

世界中の誰であってもつながることができるというものである.

■ クラスター係数

これまで示してきたネットワークのつながりの密度のようなものを示すものにクラスター係数がある.クラスター係数 C は

$$C_i = \frac{m}{{}_nC_2} \tag{8.2}$$

のように表され,n はあるノードの次数,m はあるノードに接続したノード同士の接続数を示す.図8.14 を例に示す.i と描かれたノードの次数は $n=3$,i につながったノード同士で $m=1$ 本のエッジがある.クラスター係数は $C_i=0.33$ となる.これを密度のようなものとしたが,図の i に接続したノード同士がつながる割合を算出しているため,33%の確率で隣接ノード同士がつながっていることになる.

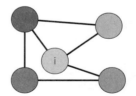

図 8.14 クラスター性とネットワークの形状

工業製品のシステム化が急速に進み,ハードウェアとソフトウェアの親和性が高くなっている.そして,スマートフォンのように複数のシステムがつながった機器では,通信技術だけでなくネットワークについてもよく理解しておく必要があるだろう.また災害に強いネットワークの形を工学的に考えていくことも非常に重要なことであろう.

9 情報の活用

9.1 データ処理

◢ 画像データ

　コンピュータで扱う画像データには大きく分けて2種類ある．1つは**ベクター形式**，もう1つは**ビットマップ形式**と呼ばれるものである．ベクター形式では円や矩形といった簡単な図形の組合せによって1つの画像を表現する手法である．これは Adobe 社の Illustrator のようなドロー系のソフトウェアで広く使われている．特徴は拡大や縮小などの変形があっても基本的には劣化しないことである．それに対してビットマップ形式は，画像を画素と呼ばれる小さな点の集合によって表現する方法である．ビットマップ形式の描画方法の概要を図 9.1 に示す．ビットマップ形式は概要図のように点の集合で表されるため，曲線なども画素の密度によって角張ったような粗い画像になることがある．しかし画素の密度が高い画像の場合には，表現力が高い画像として扱える．その半面，ベクター形式と比較してビットマップ形式はデータ量が大きくなってしまう．またベクター形式では回転・拡大・縮小などの限られた画像処理しかでき

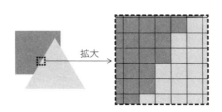

図 9.1　ビットマップ形式の画像の概要図

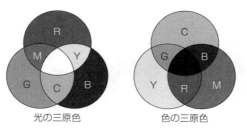

図 9.2 光の三原色と色の三原色
[http://www.asakura.co.jp の本書サポートページからカラー画像をダウンロード可能]

ないが，ビットマップ形式では画像処理を行ううえでの自由度が高い．そこで色調変換やエッジ抽出などを用いて画像解析が実際の生産現場で活用されている．

　ここで「色」について考えてみたいと思う．図 9.2 左に示すとおり**光の三原色**（three primary colors of light）は，赤緑青色成分により RGB で表現される．また赤・緑・青が交わった部分は白色になる．それに対してプリンターを思い出してほしい．特にレーザープリンターでは，図 9.2 右で**色の三原色**（three primary colors）として示すように，シアン・マゼンタ・イエロー・ブラックの CMYK で色を表現している．またシアン・マゼンタ・イエローは，光の三原色である赤・緑・青のそれぞれが混ざったときにできる色である．もう少しいえば，子どもの頃に赤・緑・青の光が混ざると白になると教わった後，絵の具で赤・緑・青を混ぜると暗い黒のような色になって不思議に思ったことはないだろうか．

　これは光の三原色を**加法混色**（additive color mixture），色の三原色を**減法混色**（subtractive color mixture）と呼び，光の見え方の違いによるものである．加法混色は，テレビやディスプレイなど発光で色を表現し，光を直接混ぜたときの色である．それに対して減法混色は，それ自体が発光しない印刷物などから反射した光により色を表現するときに用いられる．この減法混色の原理について図 9.3 に示す．減法混色で用いられる，シアンで印刷された紙に蛍光灯のような白色光を当てた場合，赤色成分が吸収され人には緑と青が混ざったシアンに見える．マゼンタ・イエローについても同様に緑色や青色成分がそれ

9.1 データ処理

図 9.3 減法混色の原理
[http://www.asakura.co.jp の本書サポートページからカラー画像をダウンロード可能]

ぞれ吸収され，それぞれの色に人には見える．言い換えれば，紙に印刷した色がフィルタの役割を果たしている．

これまで画像などによる色の表現について示してきた．この色に着目をすると，モノクロの写真にも白色・灰色・黒色のように色には濃淡がある．コンピュータ上で扱われる画像では，色の濃淡を**階調**（tone）という言葉で表現する．この画像ファイルの階調を図 9.4 に示す．モノクロを例にすると，白色と黒色だけの 2 色で色調を表現した場合は 2 階調となる．これをコンピュータ上で 2 進数により表すと「0」と「1」だけで表すため 1 bit となる．これを踏まえると 2 bit では，「00」「01」「10」「11」の 4 種類が表現できるため 4 階調となる．4

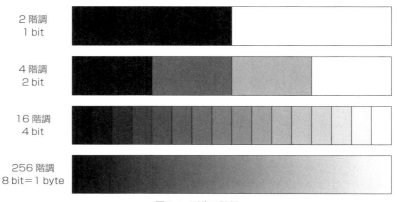

図 9.4 画像の階調

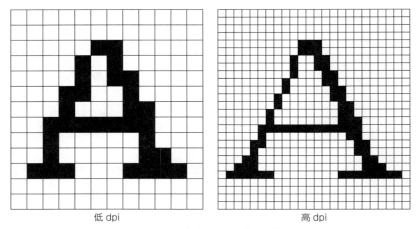

低 dpi   高 dpi

図 9.5 解像度による画像の比較

bit でも同様にすれば 16 階調となる．そして 8 bit では 256 階調が表現できる．この 8 bit をコンピュータでは 1 byte として扱う．この階調を RGB の色成分が有することにより，カラー画像も構成される．そのため RGB のそれぞれが 8 bit の階調を有している場合，24 bit カラーと呼ばれる．これをフルカラーとしてコンピュータでは一般的に扱う．このフルカラーでは，256^3 色 = 16,777,216 色の色を表現することができる．

　色表現の細かさに階調があるように，画像の見た目の細かさとして**解像度** (resolution) がある．解像度はビットマップ形式の画像を構成する画素の密度を示している．図 9.5 に解像度による画像の比較を示す．ここで解像度を表す単位 dpi は「dots per inch」の略であり，画像を構成する画素が 1 インチ当たりいくつあるかを示している．したがって，図 9.5 に示すように低 dpi では粗さが目立つが 2 倍解像度を改善し高 dpi で表現をすると，粗さが大分改善される．また dpi に使われるインチは長さの単位である．そのためディスプレイや紙などの平面で捉えると 10 dpi から 20 dpi に 2 倍解像度を良くした場合，画像を構成する画素は 4 倍増える．それに応じて画像のデータ量も増える．またコンピュータのディスプレイ画面の解像度が 1920×1080 pixel（Full-HD）というような表現がされる．これは横方向に 1920 個，縦方向に 1080 個の画素で画面

を構成するということになる．実際の画面サイズを反映していないため dpi のような表現は行えない．単純にいえば，20 インチディスプレイと 40 インチディスプレイでは同じ 1920×1080 pixel であっても，画面サイズの小さい 20 インチの方が，dpi をもとにすれば粗さの目立たないディスプレイといえる．そのためディスプレイの大画面化に応じて 4 k（3840×2160 pixel）や 8 k（7680×4320 pixel）の技術が開発されている．

数値処理

コンピュータでできることは非常に多くある．その 1 つが画像処理であり，数値計算（シミュレーション）である．もちろんそれ以外にも大量のデータ処理やデータの関連性を調べるための統計解析などコンピュータが得意とする分野は多い．コンピュータを用いた解析は，人が自ら計算をするよりも早く正確に行うことができるため，非常に効果的である．もちろん，どんな解析をしているか人が理解しないで行った場合にも「解」は出てくる．その解が求めているものかどうかは人の判断すべきところとなる．ここでは**標準偏差**（standard deviation）をテーマにコンピュータでは何を求めているのかを示す．

標準偏差とは平均値に対して，どれだけ「ばらつき」があるかを示している．このように表現をしても，「なるほど」と理解しがたい．例えば試験の点を例に表 9.1 を見てみる．5 人が英語と数学の試験を受けた結果を例として示している．どちらの試験も平均点は 60 点である．また英語の結果は最低点が 57 点，最高点が 65 点と差は 8 点である．しかしながら数学では最低点が 43 点，最高点が 88 点で差は 45 点もの開きがある．これから数学の試験結果は「ばらつき」

表 9.1　ある試験の結果

ID	氏名	英語	数学
1	加藤	60	88
2	田中	65	43
3	中野	58	49
4	野村	57	76
5	長谷川	60	44
平均点		60	60

が大きいことがわかる．これを人の主観でばらついているというのではなく，どれくらいばらついているのか示すために用いられるのが標準偏差である．

この標準偏差 σ は，データ数 n，データの値 x_i，データの平均値 $\tilde{x}$ により算出することができる．データの値 x_i に添えられている下付き文字の i は ID の番号が付けられる．例えば加藤さんの点数ならば x_1 というようになる．この標準偏差は一般的に

$$\sigma = \sqrt{\frac{1}{n}\sum_{i=1}^{n}(x_i - \tilde{x})^2} \qquad (9.1)$$

のようにして求められる．これをもとに表 9.1 を用いて標準偏差を求めると，英語は $\sigma = 3.08$ 点，数学は $\sigma = 20.7$ 点となる．この時点で各試験のばらつきを求めることができた．このばらつきと確率をもとに分布を図で表すと，確率分布となる．この確率分布を平均と標準偏差を用いて表すと正規分布になる．正規分布を式で表すと

$$f(x) = \frac{1}{\sqrt{2\pi}\,\sigma}\exp\left\{-\frac{(x_i - \tilde{x})^2}{2\sigma^2}\right\} \qquad (9.2)$$

のようになる．そしてこの式から得られる分布が図 9.6 のようになる．正規分布では，平均点を最大値とした山型の分布となる．正規分布では，平均点 $\pm\sigma$ に約 68.3% の値が分布し，平均点 $\pm 2\sigma$ に約 95.5% の値が分布する．平均の値と標準偏差がいくつであっても，この分布の状態は変わらない．表 9.1 で示し

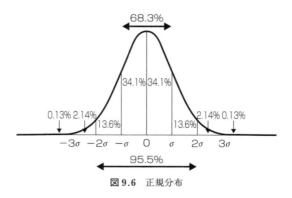

図 9.6　正規分布

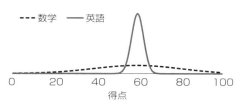

図 9.7　英語と数学の試験結果の分布

た例をもとに，試験結果が正規分布であると仮定し導き出した試験結果の確率分布を図 9.7 に示す．数学は標準偏差 σ が大きいため，ばらつきが大きい結果であった．そのため英語のばらつきと比較すると，裾野が広い山型の分布となっている．さらにばらつきが大きい数学の結果では，60 点で見られるピークの値が英語の結果に比べて小さくなっていることもわかる．

このような統計処理はコンピュータが得意とする分野であるが，どのような解析を行っているかを知ったうえで行わなくてはならない．特にコンピュータは道具であって，答えを教えてくれる夢の機械ではない．計算結果をよく吟味したうえで議論することが重要である．

9.2 AI

人工知能（artificial intelligence, AI）は，その技術の進歩による目覚ましい躍進を 2000 年以降続けている．しかし人工知能に関わる研究にも冬の時代と呼ばれる厳しいときもあった．この冬の時代については，他の専門書から学んでほしい．ここでは，2000 年以降の躍進を支える機械学習およびディープラーニングについて示す．

◼ 機械学習

機械学習とは，人が経験からルールを抽出し学ぶように，機械にもデータの集合からルールを学ばせ発展（精度向上）させようというものである．この機械の学びには「教師あり学習」「教師なし学習」「強化学習」がある．教師あり学習は，達成したい目標についての正解を機械が有している．違ういい方をすれば目的が明確な学習手法である．例えば手書きの文字をコンピュータに認識

させたい，撮影した人物が誰か認識をさせたい，というような場合に用いられる．答えが少量の場合には，その特徴を学習できないため正解を導き出すことはできない．しかし教師データが多く，特徴を十分に学ぶことができれば導き出すことができる．それに対して教師なし学習は，正解や明確な目的をコンピュータが有していない．多量のデータをコンピュータが解析し分類する．この分類をクラスター化やクラスタリングと呼ぶ．このように教師なし学習では，1つでは意味を持たないデータを多量に集めて傾向を見つけ出すことに向いている．強化学習は教師あり学習のような答えが与えられないが，結果を得た一連の行動に対して「報酬」を与えられる．すべての試行が良い結果を導き出すわけではない．そのためコンピュータが試行錯誤を繰り返しながら，報酬が最大化される方法を模索しながら学習をしていく．また機械学習には，目的・目標により「回帰」と「分類」の2種類の方法が用いられる．

◢ 回帰

　回帰とは，予測したい内容が数値データの場合に用いられる．この場合，ある連続的なデータから傾向を導き出したい場合などに用いられる．図9.8に線形回帰分析の例を示す．マーカー（◆）はある連続的なデータである．このデータから得られた結果を実線で示している．この実線を学習によって得ることになる．線形回帰以外にも回帰木やサポートベクター回帰などのモデルが実際に使われている．

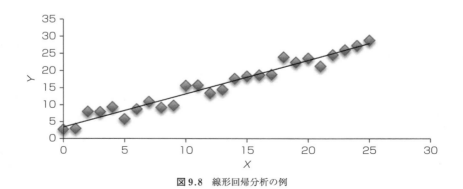

図 9.8　線形回帰分析の例

◢ 分類

それに対して分類は，予測したい内容が数値ではない場合に用いられる．例えば，夏休みの海水浴場に人が来るか来ないか予測をするときに気温や天気で予測をして分類をするというようなことである．この来る来ないなどの基準を予測し分類するための手法として二値分類，ロジスティック回帰，k 近傍法，サポートベクターマシン（SVM），ニューラルネットワークなどがある．

◢ ディープラーニング

ディープラーニングはニューラルネットワークと深く関係している．そのためニューラルネットワークから説明する．ニューラルネットワークは脳の活動を模倣したモデルである．脳の中にはニューロンと呼ばれる神経細胞が多く存在し，この多数のニューロンが連携し情報の処理をしている．このネットワークを数式化し，コンピュータの中で構築し処理するものがニューラルネットワークである．このニューラルネットワークの構成要素として，**パーセプトロン**（perceptron）がある．パーセプトロンは入力と出力から構成される．これは①〜③からの入力に重みを付けた総和で表す．図 9.9 のパーセプトロンを式で表すと

$$①×①の重み + ②×②の重み + ③×③の重み = 出力 \quad (9.3)$$

となる．これがしきい値以上ならば 1 を出力し，しきい値以下なら 0 を出力することになる．ニューラルネットワークは，このパーセプトロンを組み合わせ入力層・中間層・出力層の 3 層で構成される．この中間層は隠れ層とも呼ばれる．機械学習では入力層と中間層の間で働く重みと，中間層と出力層で働く重みをコンピュータが学習していく．ディープラーニングでは，この中間層（隠

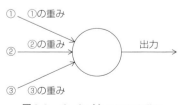

図 9.9 パーセプトロンのモデル

れ層）が2層以上の複数の層で形成されている．この中間層を複数の層にすることで精度が向上しているが，学習の複雑性も増し，解析に高速なコンピュータを要する．

9.3 ビッグデータ処理

　ビッグデータ処理とは，インターネットの履歴・ポイントカードの情報・位置情報や電車などの乗車履歴といった膨大な量のデータから傾向や特徴を導き出す処理である．これらの膨大なデータは**モノのインターネット**と呼ばれる**IoT**技術や携帯電話などの通信機器技術の飛躍的な向上により，得られるようになった部分が大きい．このビッグデータ処理に用いられる手法として，機械学習で挙げた教師なし学習のクラスター分析，分類に用いられるロジスティック回帰分析などがある．膨大なデータから特徴や傾向を見つけ出すという機械学習が得意とする部分が活用されている．このビッグデータ解析はドイツで提唱された**Industrie 4.0**と呼ばれる生産システムと深く関わる．これはCPS (cyber physical system) をベースとした考えである．CPSは，通信機器などを通じて得られた実世界（フィジカル空間）のデータをコンピュータ上などのサイバー空間で解析し生産性の高いシステムを実現しようとするものである．

　このように機械によるセンシングやものづくりは，「情報」との関わりが今後一層強まっていく．そしてあふれるほどの情報の中から，必要な事柄を抽出していくためには，統計学や情報処理に関する広い知識が必要な社会となっている．

10 構造体の強さ

　ここではものの形とそれにかかる力との関係を知ることが目的である．材料力学が基礎である．例えば，図 10.1 に示す車輪で移動するロボットの車軸がどのくらいたわむのか考えてみよう．問題を単純化して支点に載せられた両端支持梁のたわみを考える．

　重さを W，支持からの反力を R_1 と R_2 とする．また重さは両支持からそれぞれ x_1，x_2 の距離にかかっているものとする．釣り合いの関係から

$$W = R_1 + R_2 \tag{10.1}$$

である．また，モーメントの釣り合いから，

$$\begin{aligned} Wx_1 &= R_2(x_1 + x_2) \\ Wx_2 &= R_1(x_1 + x_2) \end{aligned} \tag{10.2}$$

であるので，それぞれの反力は

$$\begin{aligned} R_1 &= \frac{x_2}{x_1 + x_2} W \\ R_2 &= \frac{x_1}{x_1 + x_2} W \end{aligned} \tag{10.3}$$

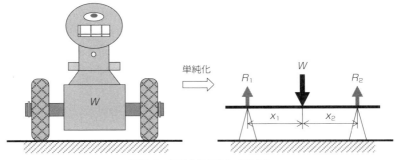

図 10.1　問題を単純化して考える

と求めることができる．なお，梁の中央に重さ W が集中しているとすると，$x_1 = x_2$ なので，$R_1 = R_2 = W/2$ となる．

10.1　せん断力と曲げモーメント

面に垂直に作用する力を**垂直力**（normal force），面に水平に作用する応力を**せん断力**（shearing force）という．単位はどちらも N である．回転の大きさを力のモーメント M [N·m] で表す．図 10.2 において，反時計方向に回転させるモーメントを正とする．物体には外力に対して形が崩れないよう釣り合う内部の力が発生する．したがって，内部に発生する力は外部による力と大きさは同じで向きが反対となる．図 10.2 に示すように，両端支持梁の点 A に力 W が作用すると，内部にはせん断力 F と曲げモーメント M が作用する．力の釣り合いから支持点にのっている梁の部分には式（10.3）で示した大きさの反力 R_1，R_2 が作用する．左端の①の点から測った距離を x とすると，①の端面では R_1 と同じ大きさで方向が逆向き（加えた力 W と同じ方向）の断面に平行な内部の力（せん断力）が発生する．いま，左から見えている断面を対象としているので，下向きを正にとると，そのせん断力は正となる．点 A から点②までの間は図 10.2 で示すようにせん断力 R_2 が上向きにかかっているので，その区間のせん断力は負である．せん断力を F で表すと，

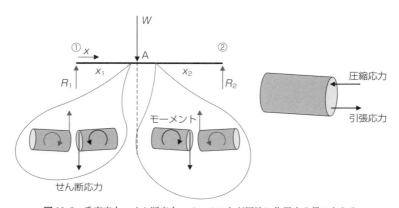

図 10.2　垂直応力，せん断応力，モーメントが同時に作用する梁のたわみ

$$F = R_1 = \frac{l - x_1}{l} W = \frac{x_2}{l} W, \quad 0 \le x < x_1$$
$$F = R_1 - W = -\frac{x_1}{l} W, \quad x_1 \le x < l \tag{10.4}$$

ここに，$l = x_1 + x_2$ で，梁の長さである．次にモーメントを見てみると，点①から点 A までの間のモーメントは

$$M = R_1 x = \frac{x_2}{l} Wx, \quad 0 \le x < x_1 \tag{10.5}$$

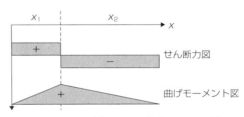

図 10.3 せん断力図および曲げモーメント図

である．一方，点 A から点②までの間のモーメントは

$$M = R_1 x - W(x - x_1) = W \frac{x_1}{l}(l - x), \quad x_1 \le x < l \tag{10.6}$$

と表せる．したがって曲げモーメントは梁の長さ方向に正であり，最大曲げモーメントは集中荷重 W が作用している点 A であることがわかる．これを図示したものが図 10.3 である．

図 10.4 に示すように，一様分布荷重 w [N/m] が作用する場合は，次のように表せる．

$$\begin{cases} R_1 = R_2 = wl \\ F = R_1 - wx = \frac{w}{2}(l - 2x) \\ M = R_1 x - wx\frac{x}{2} = \frac{w}{2}x(l - x) \end{cases} \tag{10.7}$$

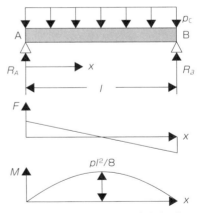

図 10.4 両端支持梁に一様分布荷重が作用したときのせん断力図および曲げモーメント図

10.2 梁の曲げによる変形

図 10.5 に示すように，単純に曲げモーメントだけが作用して変形させることを**単純曲げ**（simple bending）という．曲がった内側は圧縮を，外側は引張の力を受ける．これらは内部の断面に垂直に作用するので垂直力といい，断面積で割ったものを**垂直応力**（normal stress）σ という．また同様に断面に平行にかかる力をせん断力といい，断面積で割ったものを**せん断応力**（shearing stress）τ という．したがって，応力の単位は $N/m^2 = Pa$ である．垂直応力による部材の伸び縮みを**ひずみ**（strain）といい，$\epsilon = \lambda/L_0$ で表す（図 10.6 左）．ここに，λ は伸びまたは縮みの量，また L_0 は例えば力 F をかける前の棒の元の長さである．せん断力によるひずみを**せん断ひずみ**（shearing strain）といい，$\gamma = \lambda_s/L_0$ で表す（図 10.6 右）．ここに，λ_s はせん断力の作用方向へのせん断ひずみ量である．それぞれはフックの法則により，

$$\sigma = E\epsilon \tag{10.8}$$

$$\tau = G\gamma \tag{10.9}$$

である．ここに，E は**ヤング率**（Young's modulus）もしくは**縦弾性係数**（modulus of longitudinal elasticity），G は**剛性率**（modulus of rigidity）もしくは**横弾性係数**（modulus of transverse elasticity）と呼ぶ．単位はどちらも Pa であるが，桁が大きいので普通 GPa（$= \times 10^9$ Pa，ギガパスカル）で表す．なお，ひずみとの関係で E および G は次のように表せる．

$$E = \frac{FL_0}{\lambda A_0} \tag{10.10}$$

$$G = \frac{FL_0}{\lambda_s A_0} \tag{10.11}$$

さて，図 10.5 に示すように，曲げによって断面には垂直応力が内側では圧縮として，外側では引張として作用しひずみが生じる．曲げによって生じる垂直応力を曲げ応力と呼ぶ．曲げ応力 σ は中立軸から測った距離 η を用いて，

$$\sigma = \frac{M\eta}{I} \tag{10.12}$$

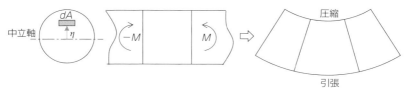

図 10.5 曲げモーメントによる変形

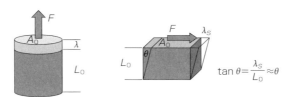

図 10.6 応力とひずみ

と表せる．なお中立軸から上下の端で最大の応力が発生する．その応力は中立軸からの距離 η_1, η_2 を式（10.12）に代入して，

$$\sigma_1 = \frac{M\eta_1}{I} = \frac{M}{Z_1}$$

$$\sigma_2 = \frac{M\eta_2}{I} = \frac{M}{Z_2}$$

で表される．ここに，$Z_1 = I/\eta_1, Z_2 = I/\eta_2$ を**断面係数**（section modulus）と呼ぶ．この値が大きいほど曲げ応力は小さくなり，曲がりにくい．また，I は**断面二次モーメント**（second moment of area）で

$$I = \int \eta^2 dA \tag{10.13}$$

で定義される．断面形状による断面二次モーメントと断面係数を表 10.1 に示す．

両端支持の梁の中央に集中荷重 W が作用したときには，中央において次式で与えられる最大のたわみとなる．

$$y = \frac{Wl^3}{48EI} \tag{10.14}$$

また，一様な分布荷重 w が作用する場合，

表 10.1 断面形状と断面二次モーメントおよび断面係数

断面形状	I（断面二次モーメント）	Z（断面係数）
長方形（b, h, d）	$\dfrac{1}{12}bh^3$	$\dfrac{1}{6}bh^2$
円（d）	$\dfrac{1}{64}\pi d^4$	$\dfrac{1}{32}\pi d^3$
中空円（d_1, d_2）	$\dfrac{1}{64}\pi(d_2^4-d_1^4)$	$\dfrac{1}{32}\pi\dfrac{d_2^4-d_1^4}{d_2}$

$$y = \frac{5wl^4}{384EI} \tag{10.15}$$

となる．

コラム　慣性モーメントと断面二次モーメント

円板について考えてみる（図 10.7）．半径 a の薄い円板の中心を通る z 軸周りの慣性モーメントは第 1 章の表 1.1 にあるように，

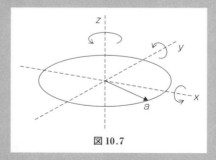

図 10.7

$$I_z = \frac{1}{2}ma^2$$

で表される．ここに，m は質量である．

これはコマを回すような回転に対して，質量が重い，半径が大きいものほど，慣性モーメントが大きく，回しにくい，もしくは回転が止まりにくいという性質を表

している. x もしくは y 軸周りの慣性モーメントは,

$$I_x = I_y = \frac{1}{4}ma^2$$

と表せる. z 軸周りより値が半分と小さいので, コマのように回すよりは x 軸周りに回したほうが回りやすい一方で回転も止まりやすい. つまり慣性モーメントは回転運動に対して回りやすさとか回りにくさといったことを表す性質である.

断面二次モーメントというのは, その断面を持ったはりの曲げに対する変形のしやすさしにくさといったものを表す.

図 10.8 のように丸棒の断面の x もしくは y 軸に対して回転するようなモーメントが作用するとき, それに対して曲がりやすさもしくは曲がりにくさを表す量として

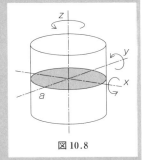

図 10.8

$$I_x = I_y = \frac{1}{4}Aa^2$$

が定義できる. 先ほどの慣性モーメントの m に対して断面積 A となっただけである. これを断面二次モーメントという.

円板の密度を ρ とすると $m = \rho \pi a^2 h$ である. なお, h は円板の厚さとする. 慣性モーメントは

$$I_x = \frac{1}{4}(\rho h)\pi a^4$$

である. 一方, 面積 A は $A = \pi a^2$ であるので, 断面二次モーメントは

$$I_x = \frac{1}{4}\pi a^4$$

となり, 単位高さ $h = 1$ とすれば, 慣性モーメントと断面二次モーメントの違いは密度を考慮するかしないかだけである. 二次のモーメントというのは図形の図心から測った距離の 2 乗に微小面積をかけて図全体にわたって積分したものである. また, 慣性モーメントは微小面積の代わりに微小質量をかけて全体を積分したものであるので, 面積を基準にした表現がどちらにも現れるのである.

10.3 棒のねじり

例えば，きつく締まったボルトをスパナやレンチで回すとか，車のハンドルを両手で回すといったときに回される軸に図10.9で示すようなねじりが作用する．図10.9では偶力 $T = Wl$ が作用したときの軸のねじれの様子を表している．軸をねじれさせるようなものを**ねじりモーメント**（torsional moment）あるいは**トルク**（torque）と呼ぶ（1.3節も参照）．この丸棒の根元を基準にして考えると，先端に加えたトルクによって長さLの断面では角度φ回転したとすると，

$$\varphi = \frac{LT}{GI_p} \tag{10.16}$$

で与えられる．ここで，I_pを軸中心に対する断面二次極モーメントと呼ぶ．中実の丸棒では$I_p = \pi d^4/32$，ここに$d = 2r_0$は丸棒の直径である．内径がd_0の中空円筒では，$I_p = \pi(d^4 - d_0^4)/32$である．なお，$GI_p$はねじれにくさを表す量であるので，これを**ねじり剛性**（torsional rigidity）と呼ぶ．なお，φ/Lを比ねじり角といい，θで表す．したがって，式（10.16）より$\theta = T/GI_p$である．

断面内において半径rの位置のせん断応力τは

$$\tau = \frac{T}{I_p} r \tag{10.17}$$

と表せる．せん断力は半径方向の距離に比例するので，せん断力の最大値は式（10.17）に$r = r_0$を代入することによって得られる．したがって，

$$\tau_{\max} = \frac{T}{I_p} r_0 = \frac{T}{Z_p} \tag{10.18}$$

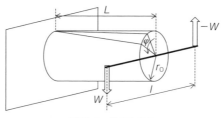

図10.9 棒のねじり

ここに，Z_p は**極断面係数**（polar modulus of section）と呼び，$Z_p = I_p/r_0$ である．中実の丸棒では $Z_p = \pi d^3/16$ である．この値が大きいほどねじりにくいことを表す．

このねじりモーメントによって仕事を伝達するものが伝動軸である．この軸が受けるねじりモーメントを $T\,[\mathrm{N \cdot m}]$ とし，毎分回転数を $N\,[\mathrm{rpm}]$ とすると，この軸は毎分 $2\pi NT\,[\mathrm{N \cdot m}\,(=\mathrm{J})]$ の仕事をする．仕事率 P は

$$P = \frac{2\pi NT}{60} \quad [\mathrm{W}] \tag{10.19}$$

である．これより，逆に仕事率が与えられれば式（10.19）より，ねじりモーメント T を求めることができる．例えば，回転数 1000 rpm で 100 馬力 = 73.5 kW の動力（仕事率）を伝える伝動軸がある．この軸の許容せん断応力が 100 MPa だとすると，どのくらいの直径の軸が必要か以下のように見積もってみる．すなわち，ねじりによる最大せん断応力は式（10.18）で与えられるので，

$$\frac{\pi d^3}{16} = \frac{T}{\tau_{\max}}$$

である．これに，式（10.19）より求められる T を代入すると，

$$d = \sqrt[3]{\frac{16\,T}{\pi \tau_{\max}}} = \sqrt[3]{\frac{16 \times 60 \times P}{2 N \pi^2 \tau_{\max}}} = \sqrt[3]{\frac{16 \times 60 \times 73.5 \times 10^3}{2 \times 1000 \times \pi^2 \times 100 \times 10^6}} = 0.033\,\mathrm{m}$$

すなわち，$d = 33\,\mathrm{mm}$ の中実丸棒を使うとよいことがわかる．

11 工場の流れを作る

11.1 工場のものづくりと流れ

　製品が世に出てくるまでには，消費者の声を受けて企画・開発・生産・販売といった経路をたどる．これを模式化すると図 11.1 のようになる．消費者からは欲しい製品の要望が企業へと流れる．その情報をもとに企業は企画および開発設計を行う．このとき消費者から来る製品への要望および，それを受けて設計をされるまで，試作を除けば製品として実体はない．情報の伝達によって製品の骨格が形作られていくこととなる．生産の現場では，設計された製品の情報をもとに実体のある物を形作っていく．このような工場におけるものづくりの流れを**生産システム**（manufacturing system）と呼び，これは物の流れと情報の流れによって構成されている．図 11.1 の中で点線の矢印で示しているものが情報の流れ，実線の矢印で示しているものが物の流れを例として示している．したがって，生産システムは以下のように概念的に表現することができる．

$$\text{生産システム} = \underset{\text{物の流れ}}{\text{生　産}} + \underset{\text{情報の流れ}}{\text{システム}} \qquad (11.1)$$

　ここで生産システムは「生産」と「システム」に分けて捉えることができると示したが，生産とはどのようなことか概念的に示したものを図 11.2 に示す．生産では，素材は生産の過程を経て製品に変わる．この生産とは，素材に対してエネルギーを加え物理的・化学的性質を変化させることを意味している．それに対してシステムは図 11.3 に示すように，ある環境下において複数の要素が互いに影響を及ぼし合い，目的を達成するものである．この目的として生産現場ならば，生産性の向上やコストの低下といった事柄などが挙げられる．

　ここで**生産性**（productivity）について考える．生産性とは入力と出力の比

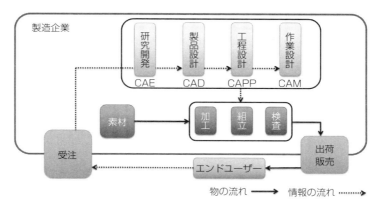

図 11.1　生産の流れの模式図

図 11.2　生産の模式図

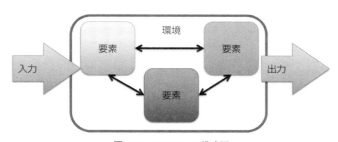

図 11.3　システムの模式図

であるため，以下のように

$$生産性 = \frac{出力}{入力} \tag{11.2}$$

と書くことができる．これを工学的な観点で捉えた場合，効率のように捉えることができる．この入力とは労働力や設備であり，出力とは生産額を示す物といえる．特に労働力に着目した生産額と従業員数の比を労働生産性，生産額と

設備金額の比を資本生産性という．生産性を高めるためには，生産額を上げる以外にも，従業員数に余剰を出さないことや過剰な設備投資をしないという点が重要であることがここからわかる．

11.2 生産システムの技術

生産性を高めるため，ものづくりの自動化が進められている．これを**ファクトリーオートメーション**（factory automation，FA）という．ここで製品の生産と技術の関係について図 11.4 に示す．1 つの製品ができあがるまでには，企画・設計・評価・生産の過程を経る．この設計・評価・生産のそれぞれは CAD・CAM・CAE・NC と呼ばれる技術により行われている．

◤ CAD

CAD は，computer aided design の略でコンピュータによる設計支援を行うためのシステムである．これはコンピュータ上で設計作業を行うためのシステムである．この CAD の登場により，コンピュータを用いるためベジェ曲線やスプライン曲線を用いた自由曲線（曲面）を扱えるようになった．これにより複雑な物体形状についても新たに表現することができるようになった．また開発された当初は平面上で設計を行う 2 次元 CAD であったが，コンピュータ技術の飛躍的な向上により 3 次元 CAD が開発された．この 3 次元 CAD により，製品の完成図を直感的に把握できるようになった．この 3 次元 CAD はデータ構造により，ワイヤーフレームモデル・サーフェスモデル・ソリッドモデルの

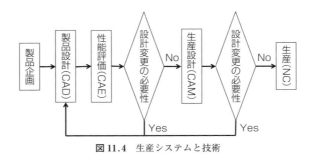

図 11.4 生産システムと技術

3種類でデータが描画される．ワイヤーフレームモデルは，針金細工のように線分と頂点のみで表現される．サーフェスモデルは，面と線分で表現される．そのためサーフェスモデルには，面内部の情報が含まれずマスプロパティと呼ばれる立体の質量や慣性モーメントについての情報は含まれない．ソリッドモデルは，面内部に実体を持つ中身の詰まったモデルとして表現される．そのため，質量・慣性モーメントといったことを考慮した設計を行える．

活発なCADシステムの開発が進められた結果，異なるシステム間での互換性が求められるようになった．そこで現在多く使われているのが米国規格協会（ANSI）により定められたのがIGES（Initial Graphics Exchange Specification）である．しかしCAD技術の高度化が進むにつれIGESでは不十分となった．そこでその後継として国際標準化規格（ISO）によりISO 10303としてSTEP（the Standard for the Exchange of Product Model Data）が定められた．これらIGESやSTEPのようなCADシステム間のデータ交換を目的としたデータを中間ファイルと呼ぶ場合がある．

◢ CAM

CAMは，computer aided manufacturingの略でコンピュータによる支援製造と日本語で呼ばれる．CAMでは主に工程設計と作業設計の2工程を行う．工程設計の自動化はCAPP（computer aided process planning）と呼ばれ，寸法・材質・精度といった情報をもとに加工方法や工作機械の選定を行う．それに対して作業設計は，工具の選択・工具経路の決定の自動化を行う．工程設計は設計データをもとに生産工程全体の構築をしていくため，パターン化が困難であった．そこでそれを解決するため，工程設計の自動化には3種類の方法が用いられている．

- ・デシジョンテーブル方式
- ・創成方式
- ・準創成方式

デシジョンテーブル方式では，標準的な工程との対応を自動的に取りながら

工程を決定する．この標準的な工程とは，グループテクノロジー（GT）と呼ばれる部品の標準化などの手法により部品の形状を記述した内容に基づいて決定していく．グループテクノロジーとは，形や加工方法の類似性からグループ化をする手法である．このグループ化により，一度に生産するロット数を見かけ上多くし生産性を高めている．デシジョンテーブル方式は，過去の経験にならい工程を決定していくが，これまでにない新たな物を生み出す場合には不向きである．

　創成方式は設計情報をもとにグラフ理論や数学モデルを利用し，モデル形状を認識する理論的な手法である．ただし形状認識と生産（加工）の関係には困難な点もある．このグラフ理論は，本書の第8章でも示しているとおり，物の形やつながりを表現するうえで用いられる．

　準創成方式は，形状認識は創成方式の特徴を用い，形状・生産のつながりについてはデシジョンテーブルによる経験に基づいたシステムである．この経験を有効に活用するためにエキスパートシステムが開発された．エキスパートシステムは，AI技術に基づくものであり，熟練工程設計者の知識や経験を学習し新たな設計へ反映させていく．さらにシステムが開発を通じて得た経験も還元し，新たなものづくりへと生かしていくものである．これにより準創成方式では，熟練工程設計者の知見と理論的な形状認識の融合を行っている．

　このようにCADでは製品設計を行い，CAMで生産設計を行っていることを示してきた．また製品設計から生産設計までの一連の流れをシステム化したものをCAD/CAMと呼ぶ．

◤ CAE

　CAEはcomputer aided engineeringの略で数値解析により，製品の機能・性能を評価・検証するためのシステムである．これにより製品の構造解析・機構解析・振動解析・流体解析といったことから試作品を作らずとも設計の妥当性・性能評価といったことを検討することができる．

　実際の解析では図11.5のような手順により進められる．解析は設計したデータに基づいて，解析内容・条件の検討，前処理，解析実行，後処理といった流れで行われる．解析結果に妥当性が見出されない場合には，設計の見直しが行

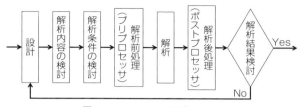

図 11.5　CAE による解析の流れ

われる．また CAE の解析手法には，有限要素法・有限体積法・有限差分法などの手法があり，解析内容に適した手法を検討し用いられる．このそれぞれについて長所と短所を有しているため，解析内容をよく理解し選択することが望ましい．そして CAE の工程は，前処理・解析・後処理の 3 つに分けられる．前処理では，設計データに基づいた数値解析における離散化のために計算格子（メッシュデータ）の生成や計算条件の設定を行う．後処理の多くは，コンター図（等値線図）などを用いて解析結果を理解しやすく可視化をするために行われる（7.2 節も参照）．

◢ NC

NC は numerical control の略で，工具の移動量や移動速度といった加工条件を数値で制御する手法である．日本語では，数値制御と呼ばれる．この制御手法の登場により，同じ加工手順の繰り返しや作業者の熟練度に影響を受けない工作機械の開発を行うことができる．これにより NC フライス盤などの NC 工作機械が数多く開発された．現在はマシニングセンタと呼ばれる NC 工作機械が開発され使われている．このような工作機械は，NC プログラムにより制御しているが，以前は紙テープなどによって作業の命令を行っていた．しかし紙テープの破損による作り直しやコンピュータ技術のめざましい発展により，現在はコンピュータと NC 加工機を組み合わせた CNC（computerized numerical control）工作機械が主流となっている．

11.3 生産システムの形

生産システムでは，物の流れと情報の流れの自動化が進んでいる．この自動化のために，本章で示してきた技術を駆使し時代に合ったものづくりの形を実現してきた．産業革命の頃には T 型フォードに代表されるように少品種大量生産であった．その後，コンピュータの出現によって情報の自動化が急速に発展を始めた頃から，消費者の要望が多様化し少品種中大量生産の世の中となっている．このような消費者の要望に応え生産性を高めるために FMS や JIT と呼ばれる生産方式が作られた．

◢ FMS

FMS（flexible manufacturing system，フレキシブル生産システム）は消費者の要望に応えて少品種中大量生産や変種変量生産を実現している生産システムの形である．FMS がターゲットとしている生産環境を図 11.6 に示す．縦軸は生産の柔軟性，横軸には製品のロットサイズを示している．ここに旋盤などに代表される汎用工作機械，FMS，トランスファマシンに代表される専用工作機械をマッピングすると図のようになる．汎用工作機は，熟練工が操作するこ

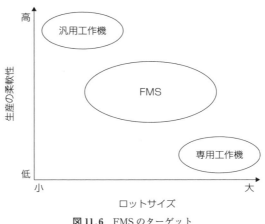

図 11.6　FMS のターゲット

とにより製品の形に高い柔軟性が生まれるが手作業のためロットサイズが小さく，図の左上に配置される．同様に専用工作機は限られた作業を正確かつ高速に行うことができるが，作られる製品に柔軟性が低い．そのため専用工作機は図内の右下に配置される．FMS はこの汎用工作機と専用工作機のそれぞれの間を補うように開発された．

◢ JIT

JIT は just in time の略でトヨタ生産方式から始まった純粋な日本の生産方式である．この JIT は「必要なものを必要なときに必要なだけ」生産するシステムである．この生産方式では徹底して無駄を取り除き，生産性の向上を目指している．キーワードとして，「自働化」「カンバン方式」「改善（カイゼン）」「見える化」が挙げられる．従来用いられる自動化は，FA に代表されるように，人に変わって機械が生産をすることである．それに対して自働化は，機械が自動的に生産するだけでなく，センサなどによって不良を発見し自動停止をすることまでを含める．この機械が発見した異常は，アンドンと呼ばれる異常表示盤で管理・監督者に伝えられ復旧される．このように見える化による目で見る管理を JIT では実践している．この生産における無駄を徹底的に取り除くために工具の改良などにより日々作業の改善が進められている．この改善は，海外においても「kaizen」として知られている．もう 1 つの特徴であるカンバン方式は引張生産とも呼ばれる生産方式である．これは後工程から前工程に対して「必要なものを必要なときに必要なだけ」取りに行く．このときに使われる部品や商品を管理するためのカードをカンバンと呼ぶため，カンバン方式と呼ばれている．

11.4　これからの生産システム

◢ レジリエンス

一つの製品の生産を考えると，企業は材料を調達し，そこから製品を生産し顧客へ出荷する．製品を購入した顧客は，企業のアフターサービスを受けながら製品を使用し，最終的に廃棄する．このような材料を提供するサプライヤ

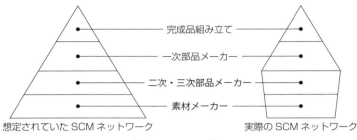

図 11.7 SCM の構造

一・生産者・顧客までの物の流れを情報化により効率化を図る管理システムを**サプライチェーンマネージメント**（以下，SCM）と呼ぶ．SCM には，企業間での情報共有システムの構築に課題はある．しかし原材料・生産・販売・配送までの全体的な物と情報の流れを管理することができる点に大きなメリットがある．しかし 2011 年の東日本大震災により SCM が寸断され，ネットワークの脆弱性が明らかとなった．これまで SCM の構造は，図 11.7 に示すように完成品から部品メーカー・素材メーカーとなるにつれて裾野が広いピラミッド状になっていると考えられていた．しかし実際には，樽形になっていたことが震災後の調査によって明らかとなった．これは第 8 章に基づいて説明をするならば，特定の企業がネットワークのハブとなり部品や素材の提供を行っていたためである．このような問題点を解決するための手法として，地理的に離れた複数工場で生産をする「生産場所の二重化」，部品や素材の供給元を複数用意する「マルチソース化」，「標準化」が進められ特定企業に集中しないものづくりが進められている．災害などの想定外の事態にも強く，速い復旧ができることを**レジリエント**なシステムといい，このような性質を**レジリエンス**という．技術や経験に基づいたシステムの見直しと開発が常に進められている．

◢ 環境

1992 年環境と開発に関する国際連合会議（通称：地球サミット）の前後から環境に配慮した「持続可能な開発」の実現に向けた動きが活発化された．この持続可能な開発とは Sustainable Development を訳したもので，「将来の世代の

欲求を満たしつつ，現在の世代の欲求も満足させるような開発」とされている．例えば経済成長の促進を積極的に進め，環境を破壊し資源が枯渇するような将来につながらない発展ではなく，環境保全と開発の調和を考え将来につながるものづくりを進めていくことである．

環境を保全するために，廃棄物の削減を目指した3Rがある．3Rは，reuse（再使用）・recycle（再生使用）・reduce（削減）の頭文字をとったものである．消費者の立場では，詰め替え用ボトルなどを使用し，廃棄物を削減しボトルを再使用する．最終的にはボトルを資源ゴミとして処理するといったものである．製品を生産する企業では，消費者が3Rを実践しやすい（分解しやすい）ものづくりが進められている．

この環境保全を実施するための管理・規制するための規格としてISO 14000シリーズがある．特にISO 14001はPDCAサイクルにより継続的に取り組みを進めていくための規格である．このPDCAサイクルは，plan（計画）・do（実施）・check（確認）・act（点検）のプロセスを経て進めていくことである．またISO 14040はLife Cycle Assessment（LCA）として知られ，製品の資源から生産・使用・廃棄・輸送などのすべての環境影響に関する定量的かつ客観的な評価がまとめられている．従来も有害物質を発生する部分などに限定した評価は行われてきたが，製品のライフサイクル全体が評価対象となっている．

◢ つながる工場

1990年代から21世紀のものづくりは，環境に配慮し未来へとつながるものづくりを目指していることを示した．そして技術的には，ハードウェアとソフトウェアの融合を目指した生産システムの開発が進められている．従来は，加工にも専用機を用いて人による生産が進められてきた．しかし現代では，1つの工作機械が複数工程を担い，人が定めた条件に従い生産を自動化している．自動化を進めるうえで，CAD/CAMなどによる「情報の流れ」を円滑に進めるため，ネットワークを介して生産が行われる．特に日本では，ネットワークを介して工場同士がつながる「つながる工場」をキーワードとして進められている．世界では，ドイツのIndustrie 4.0，アメリカのIIC（Industrial Internet Consortium）がある．これらの共通点は，ICTやIoTをどのように生産の現場

で活用していくかという点である．特に Industrie 4.0 では，CPS をもとにフィジカル空間とサイバー空間の融合を進めている．このフィジカル空間とは IoT やセンシングを行う現実の空間である．サイバー空間とは，得られたデータを解析・処理する仮想的な空間を示している．このサイバー空間における解析には第 9 章で示したようなビッグデータ処理・AI・機械学習といった技術が広く使われている（Industrie 4.0，CPS，AI については，9.3，9.4 節も参照）．

　このように従来の生産システムでは，消費者の要望に応えるためにハードウェア（工作機械）に工夫をして生産性の向上を目指してきた．しかし本書の読者である未来のエンジニアには，ハードウェアとソフトウェアをともに理解し，"ハードウェアとソフトウェアがつながった"ものづくりを実践して欲しい．

12 音の発生

音の発生には空気の流れが大きく関わっている．例えば，車を例にとると，排気管から出る排気音，タイヤから出る転がり音，ドアの隙間から出る風切音，ドアミラーから出るはく離音，サンルーフからのキャビティ音，アンテナからの渦音，などである．これらの流れが音源となる理由を知ることで騒音対策ができる．

12.1 音源としての流れ要素

音源の分類として，**単極子音**（monopole source），**双極子音**（dipole source），**四重極子音**（quadrupole source）がある．それぞれを形成する流れとしては，単極子音と見なせるのは水中の気泡の振動，周期的に吹き出す排気音などである．双極子音と見なせるのは，風が吹き付ける電線からの音，隙間風の音などである．四重極子音としては乱流境界層流れにおける乱れから発生するものである．

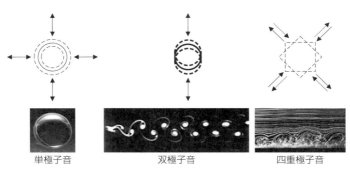

図 12.1 流れによる音源

音源の代表寸法を L, 流速を U, 流体の密度を ρ, 音速を a とすると, 音源から r 離れた観測点における音の強さはそれぞれ次のように表される.

$$単極子音源： I_m \sim \frac{\rho}{r^2 a} L^2 U^4$$

$$双極子音源： I_d \sim \frac{\rho}{r^2 a^3} L^2 U^6$$

$$四重極子音源： I_q \sim \frac{\rho}{r^2 a^5} L^2 U^8$$

これらの大きさを比較すると, 流れの速度が音速より小さい場合, 流速が同じだとすると, $I_m > I_d > I_q$ となることがわかる.

12.2 いろいろな音

◢ 渦放出音

風が電線に当たるとピューという音, 木枯らしが吹くとヒューンヒュルルンという音が聞こえる. また, 棒を振ってピューというような音を出した経験はあるであろう. これらは円柱から交互に周期的に放出される渦（これを**カルマン渦列**という. 5.2節参照.）が原因である. 次に定義される循環という量で渦が持っている一種のエネルギーを表す.

$$\Gamma = 2\pi r v \ [\mathrm{m^2/s}] \tag{12.1}$$

ここに, 渦中心から半径方向に測った距離を r, その点における周方向の速度を v とする. さて主流速度 U の中にある円柱周りの流れが循環 Γ を持つ場合, 円柱には $L = \rho U \Gamma$ の大きさの揚力が作用する. いま, 円柱から Γ と $-\Gamma$ の渦が交互に放出されると, 円柱には図12.2に示すように $+L$ と $-L$ の揚力が作用することになる. これが円柱表面の圧力変動を生じさせ双極子音源となる.

音の周波数 f は渦放出周波数 f_v と同じとなる. 式 (5.3) でも説明したが, 再掲すると, 直径 d の円柱が主流速度 U にあるときの渦放出周波数 f_v は次のように表される.

$$f_v = St \frac{U}{d} \tag{12.2}$$

12.2 いろいろな音

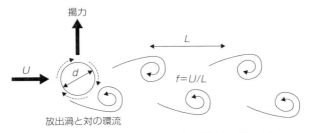

図 12.2 周期的渦放出に伴って円柱に作用する揚力変動

ここに，St はストローハル数と呼ばれる定数でほぼ $St=0.2$ である（式（5.3）も参照のこと）．したがって，電線の直径を 10 mm とすると，木枯らしの風速 8 m/s では，式（12.2）より，$f_v=160$ Hz であり，音階でいうと E の音である．逆に 11 m/s の風が吹くと 220 Hz となり，音階では A（ラの音）の音になる．ピューという音の音階は高い G（ソの音）の音なので，周波数でいうと 392 Hz である．この音が出るときの風速は 19.6 m/s と求めることができる．また，木の小枝に木枯らしが吹き付けたとき，高い G を出している直径は 4 mm と求めることができる．かつて式（12.2）で表された関係を利用した風速計が作られ車の吸気流量を計測するのに使われた．これを**カルマン渦式流量計**という．辺を上流に向けた三角柱の後流にセンサを置き，渦放出周波数を計測し，それから換算した流速を管内断面積に乗じて流量として算出された．

この音の発生を抑えるためには円柱からの渦放出を抑制するか，渦の 2 次元性を崩すような工夫を施す．具体的には図 12.3 に示すように円柱表面の境界層

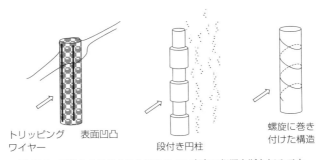

図 12.3 円柱から放出される渦のスパン方向の相関を断ち切る工夫

を乱流化し，はく離を抑えるようにする，円柱表面にある間隔で突起などを設置し，渦を細かく分断することによって，円柱の軸方向の相関を断ち切る，などである．

◢ キャビティ音

溝の上を横切る流れによって発生する音をキャビティ音という．図12.4に示されるように，上流側の溝の端からはく離したはく離せん断層を構成する渦構造が溝の下流側の角に衝突することで生じる圧力変動が上流側にフィードバックし，はく離点の渦構造の放出と共振することで発生する双極子音源となる．

発生する音の周波数 f は次のように表される．

$$f = \frac{U_c}{B\left(1 + \dfrac{U_c}{a}\right)} \tag{12.3}$$

ここに，図12.4に示すように，B は溝の流れ方向の幅，U_c は渦の移動速度で $U_c = 0.8U$ である．また，a は音速（≈340 m/s）を表す．例えば，$U = 10$ m/s の流れの中に幅 $B = 5$ mm の溝があったとすると，発生する音の周波数 f は式(12.3)より，$f = 781$ Hz である．これは音階でいうと高い G である．

これと似た発生機構のものにヘルムホルツ型の共鳴器がある．いわゆる瓶の口を吹いて音を出すものである．口から吹き出す噴流の振動と瓶の容積で決まる共鳴周波数とが一致したとき，ボーッというような音が出る．音の発生器でもあるが，これによって音を共鳴させ音のエネルギーを減衰させる減音器として利用できる．また，パイプオルガンのように空気の吹き口にくさび状のものがあると，それも同じ機構で音が発生し，パイプの長さに基づく共鳴音が強調される．

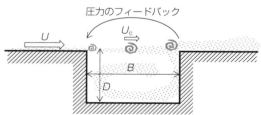

図12.4 溝を過ぎる流れで発生するキャビティ音

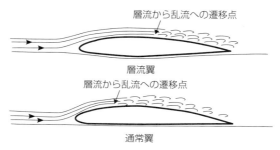

図 12.5　層流翼型と通常翼型のはく離位置の違い

▰ 乱流境界層騒音

　壁面近くの速度境界層が乱流の場合，シャー，ザーといった広帯域の周波数を含んだ音となる．これは乱流境界層中の細かな渦構造同士の干渉により生じる局所的四重極子音源および，壁との干渉による双極子音源が原因である．このため，乱流境界層中の渦構造がなければこの音は出ないということで，乱流境界層にならないように層流境界層を保ち，乱流遷移を遅らせることが最も有効な方法である．グライダーの翼型に採用される図 12.5 に示すような層流翼型のようになだらかな斜面で物体を構成する．

　乱流境界層中の渦構造として乱れの発生源であるバーストに関わる縦渦がある．どこで発生するかはわからないので，その渦を捉えて抑制するということは現実的ではない．物体表面にあらかじめ流れ方向の縦溝（これをリブレットと呼ぶ）をつけることで縦渦の揺動を矯正することによって，乱れを減らすことができる．つまり，乱流境界層騒音も減らすことができる．

▰ はく離音

　図 12.6 に示すように車の天井と本体をつなぐ支柱をピラーと呼ぶ．その中で A ピラーはフロントと側面の角にあるので，フロントガラスに沿って脇へ流れてくる流れがそこからはく離する．空気抵抗低減および空力騒音低減の観点から工夫を要するパーツである．はく離した流れは渦となって巻き上がり，運転者もしくは助手席に乗った人の耳側にあるサイドウィンドーに周期的に当たってそれが音として聞こえる．また A ピラーの側にはドアミラーが突出している

図 12.6　車のピラー

ので，これからも流れがはく離し，ウィンドーと干渉して音として聞こえる．

はく離渦を 3 次元化して細かく分断する方法として，ボルテックスジェネレーター（VG）を付ける，はく離しないように A ピラーの角の曲率を大きくするなどの工夫が必要である．ドアミラーの付け根に穴を開けてその背圧を高くし，はく離渦が大きくならないような工夫もなされている．B ピラーと C ピラーとの間が浅いキャビティとならないように設計することが重要である．すなわちウィンドー面からなるべく出っ張らないように設計することである．セダンにおける C ピラー，およびワゴンタイプにおける D ピラーでは，リアウィンドーに沿って流れが曲がらないために，それらから流れがはく離する．この音は搭乗者には聞こえにくいが，車の外にいる人にとっては騒音となる．またこのはく離によって車全体の抵抗係数が大きくなることから，このはく離を抑える必要がある．これらのピラーを前側に傾斜させて，あたかも三角翼のはく離渦のように水平方向に軸を持つ縦渦を作ることで上方の流れを引き込み，全体のはく離領域を小さくするように工夫されている．

◾ タイヤ騒音

タイヤ表面に刻まれた溝のパターンは元々路面の水で滑らないように，この溝を通して水を外に排出するように作られている．しかし，乾いた路面では水

の代わりにタイヤと路面で挟まれた部分の空気が吹き出すことになる．これが拍手の音がするのと同じ理由で押し出された空気の圧力変動が音となるのである．この場合吹き出しであるので，単極子音源となる．このため，音圧レベルとしては大きく，車速が速いとタイヤが押し出す時間も短くなり，噴出速度が大きいために速度の 4 乗に比例する音圧レベルも大きくなる．スタッドレスタイヤの溝は一般のタイヤより深く，押し出される空気流量が大きいために，上述と同じ理由で音圧レベルが普通のものに比べて大きくなる．

12.3 水に関わる音

水たまりに車が入るとジャブジャブという音がする．また，燃料タンクが揺れるとチャプチャプという音がする．水道の蛇口をひねると，勢いよく流れるときにはジャーという音がするし，蛇口の締め方が緩いとポタポタと水滴が落ちて底面に当たって音がする．

実はこれら水の音はすべてそれに含まれる気泡によるものである．色々な状況により気泡の取り込まれ方および発生の仕方は異なるが，水中にある気泡が振動することによって音が発生する．気泡の膨張収縮といった振動（これを 0 次モードの振動と呼ぶ）が基本である．この場合は気泡の形状が半径 r の球と見なし，基本周波数 f_0 を次式のように表す．

$$f_0 = \frac{1}{2\pi r}\sqrt{\frac{3\gamma p_0}{\rho_w} - \frac{2\sigma}{\rho_w r}} \tag{12.4}$$

ここに，p_0 は平衡状態における気泡内の圧力（水面近くではほぼ大気圧），t_w は水の密度，c は比熱比（空気の場合 c = 1.4），v は表面張力（空気の水の界面では v = 72.75 × 10^{-3} N/m）である．また，気泡から R 離れた位置における水中内の音圧 p は

$$p = \frac{3\gamma p_0 r}{R} \tag{12.5}$$

と表される．気泡の 0 次モード振動に起因する音の周波数は気泡が小さければ高周波数の音となり，大きければ逆に低周波数の音となることがわかる．例えば，$r = 0.5$ mm の気泡からは 6.6 kHz の音が，$r = 5$ mm のものでは 660 Hz の

表 12.1 混相での音速

ボイド率 a	0	0.1	0.2	0.4	0.6	0.8	0.9	1
水中音速 a [m/s]	1500	35	28	23	23	28	40	340

音が発生する．実際にはさまざまな大きさの泡が取り込まれることになるので，広い周波数帯域の音となる．

泡が水に多数混入すると気液混相となり，流体の単位体積当たりに含まれる気泡の体積割合をボイド率といい a で表す．したがって，a=1 は気体，a=0 は水である．このときの混相流体の密度 t_m は気体の密度を t_g，液体の密度を t_w とすると次のように表される．

$$t_m = at_g + (1-a)t_w \tag{12.6}$$

気泡を含む水中を伝わる音の速さ，すなわち，音速 a は水だけの場合の a=0 のとき $a=1500$ m/s，空気だけの場合の a=1 のとき $a=340$ m/s であるが，混相では表 12.1 のように 1 桁小さな値となる．

◢ 沸騰

大気圧が 1 気圧（1013 hPa）の場合，水を加熱して 100℃になると沸騰する．そのとき，加熱面にはいくつかの気泡が付いている．水という液体が蒸気という気体に変わりそれが気泡を形成する．はじめに加熱面の微妙な凹部（これを発泡点という）に蒸気がたまり，それが加熱とともに圧力が高まり気泡を形成する．気泡内部の圧力 p_b とその周囲の圧力 p_a（静水圧＋大気圧）との差 Dp は次のように表される．

$$\Delta p = \frac{4\sigma}{d} \tag{12.7}$$

すなわち，表面張力の分，周囲より内圧が高くなることを意味している．また，気泡の直径が小さいほど内圧は高いということを表している．つまり蒸気で気泡が形成されるためには，1気圧の蒸気分圧では最初の0に限りなく近い非常に小さな直径の気泡を形成できないことになる．このため，加熱面の凹部が必要となる．また，局所的には 100℃以上の温度で蒸気分圧が高い状態で気泡を形成しなければならないことがわかる．

気泡が形成され，ある大きさになり，浮力が（蒸気の重さ＋気泡が加熱面についている表面張力）に勝ると浮上しはじめる．その，気泡の離脱直径を与えるフリッツ（Frits）の式を以下に示す．

$$d = 0.021\phi \sqrt{\frac{\sigma}{g(\rho_w - \rho_v)}} \tag{12.8}$$

ここに，zは気泡と加熱面との接触角度を表し，$0 \leq z \leq 140$である．また，t_vは気泡の蒸気の密度である（図12.7）．

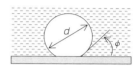

図12.7 加熱面についた気泡（蒸気）

この直径で離脱した気泡は振動し，式（12.4）で計算できる周波数の音が発生する．

◢ キャビテーション

船のスクリューが高速で回転すると，スクリューの先端部では圧力の低下が見られる．また揚力を発生するスクリュー翼の負圧面側での圧力低下が大きい．これらのように水中において局所的に低圧部分が現れる場合があるが，その圧力がその温度における飽和水蒸気圧力より低いと，低温の沸騰が起こる．すなわち泡の発生が見られる．この泡は低圧領域を過ぎると消滅する．このような現象を**キャビテーション**という．この気泡がスクリューの表面近くにあると図12.8に示すように泡の壁面の反対側の面が窪んでマイクロジェットが壁面に当たり，スクリュー表面に穴を開ける．これを**エロージョン**（壊食）という．このとき，音も発生する．泡が壁面近くでなくても，例えばオリフィスを過ぎる流れにおいて，気泡が局所的減圧および増圧の変化を受けると図12.9に示すようにマイクロジェットが気泡を崩壊させ，音が発生する[9]．

図12.8 キャビテーションでできた泡によるマイクロジェットの形成

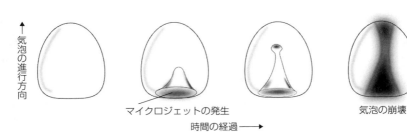

図 12.9 オリフィスを通過する気泡のマイクロジェットによる崩壊

13 揺れの制御

　機械や構造物の振動問題を扱う際に，一見複雑なように見えても単純なモデルに置き換えることができる．それにより，問題の本質を理解する方がよりにやく解決できることが多い．例えば，機械をこれと性質を同じくする質量，バネ，ダンパ（減衰器）の組合せで置き換えた力学モデルで表現すると性質が見やすくなる．振動を扱うのは機械力学の分野である．

13.1　粘性減衰系の自由振動

　物体の振動における力学モデルを図 13.1 のように考えてみよう．質量を m，バネ強さを k，ダンパの粘性減衰係数を c とする．質量の上下運動は平衡状態から測った x 方向の高さの変化のみによって表せるので，この運動の自由度は 1 であるという．

図 13.1　物体の振動を質量，バネ，ダンパで表す．

　さて，質量部分を下向きに押し込み，距離 x_0 のとき速度が v_0 となるようにすると，この物体は何回か振動して止まる．このことを以下のように考えてみよう．物体の運動の結果 x だけ移動したとき，物体に働くバネ力は運動方向と逆方向にかかるので負符号を付けて $-kx$ であり，減衰力は速度に比例し，運動と逆方向にかかるので，負符号を付けて $-c\dot{x}$ で表せる．したがって，運動方程式は

$$m\ddot{x} = -kx - c\dot{x}$$

と表せるので，これを左辺にまとめて

$$m\ddot{x} + c\dot{x} + kx = 0 \qquad (13.1)$$

と書ける．この 2 階線形微分方程式の解は次のように書ける．

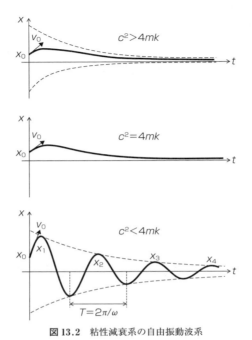

図 13.2 粘性減衰系の自由振動波系

$$x = A \exp\left\{\frac{1}{2}\left(-\frac{c}{m} - \frac{\sqrt{c^2 - 4mk}}{m}\right)t\right\} + B \exp\left\{\frac{1}{2}\left(-\frac{c}{m} + \frac{\sqrt{c^2 - 4mk}}{m}\right)t\right\}$$

(13.2)

解のルート記号の中の値が $c^2 > 4mk$, $c^2 = 4mk$, $c^2 < 4mk$ によって, x の時間変化波形が図 13.2 に示すように異なる. すなわち系の運動の性質が異なる.

最初の設定のように, x_0 の位置を v_0 の速さで通過した後, どの場合も最大値を迎えた後揺れる幅が小さくなっていく. 粘性減衰係数 c と質量 m, バネ強さ k との関係が $c^2 > 4mk$ である場合を**過減衰** (supercritical damping), $c^2 = 4mk$ の場合を**臨界減衰** (critical damping), $c^2 < 4mk$ の場合を**粘性減衰振動** (viscous damping) という. 粘性減衰波形に現れる極大値の比を次のようにとる.

$$\frac{x_1}{x_2}=\frac{x_2}{x_3}=\frac{x_3}{x_4}=\cdots=\frac{x_n}{x_{n+1}}=\cdots=e^{\frac{2\pi\zeta}{\sqrt{1-\zeta^2}}}\approx e^{2\pi\zeta} \qquad (13.3)$$

ここに，$\zeta=c/(2\sqrt{mk})$ を表し，粘性減衰比率である．なお，ζ^2 は小さいとして $\sqrt{1-\zeta^2}\approx 1$ としている．例えば，質量 $m=1\,\mathrm{kg}$，バネ強さ $k=2\times 10^3\,\mathrm{N/m}$ の粘性減衰系を自由振動させたところ，3回の振動の後，振幅の極大値が初期値の20%に減少したとしよう．振幅比は式 (13.3) より，

$$\frac{x_1}{x_2}\frac{x_2}{x_3}\frac{x_3}{x_4}=e^{3\times 2\pi\zeta}$$

であり，$x_1/x_4=1/0.2=5$ であるので，減衰比率 ζ は $\zeta=\ln 5/(3\times 2\pi)=0.085$，減衰係数 c は $\zeta=c/(2\sqrt{mk})$ より，$c=\zeta\times 2\sqrt{mk}=0.085\times 2\sqrt{1\times 2\times 10^3}=7.6$ N·m/s と求められる．

13.2　揺らす（強制振動）

先に示した粘性減衰系に時間の sin 関数で振動する（これを**調和振動**（harmonic vibration）という）力を作用させたときの運動を考えてみる．周波数 f と角振動数 ω との関係は，$\omega=2\pi f$ である．調和加振力 F は，振幅を A とすると，$F=A\sin\omega t$ と表される．したがって運動方程式は

$$m\ddot{x}=-c\dot{x}-kx+A\sin\omega t$$

あるいは，

$$m\ddot{x}+c\dot{x}+kx=A\sin\omega t \qquad (13.4)$$

と書ける．

もしこの調和加振力が作用しなければ，式 (13.1) の解のように時間が経つと自由振動の部分は減衰するが，加振で強制的に振動が続けられることになる．したがって，そのときの振動を $x=C_1\sin\omega t+C_2\cos\omega t$ と表し，これを式 (13.4) に代入して係数を求めると，

$$x=X\sin(\omega t-\varphi) \qquad (13.5)$$

となり，変位 x も加振より φ だけ位相がずれた調和振動となる（図 13.3）．ここに，その振幅 X および

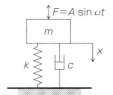

図 13.3　調和加振力を粘性減衰系に加える

位相角 φ を力 $F=A$ による静的なたわみ $X_0=A/k$，系の固有振動数 ω_n，および粘性減衰比率 ζ を使って無次元の形に書き換えると，次のように書ける．

$$\frac{X}{X_0} = \frac{1}{\sqrt{\{1-(\omega/\omega_n)^2\}^2 + (2\zeta\omega/\omega_n)^2}} \tag{13.6}$$

$$\varphi = \tan^{-1}\frac{2\zeta\omega/\omega_n}{1-(\omega/\omega_n)^2} \tag{13.7}$$

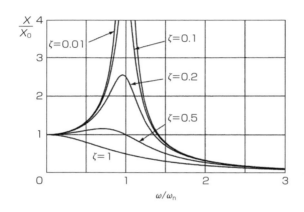

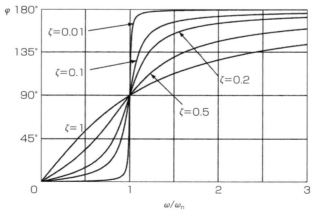

図 13.4 調和加振力による粘性減衰系の振幅倍率と位相角の変化
［入江敏博，小林幸徳，『機械振動学通論第3版』，朝倉書店，2006より］

ここに，X/X_0 は振幅倍率である．位相角とともに ω/ω_n に対するプロットを図 13.4 に示す．

加振力の周波数が系の固有振動数と一致するとき，すなわち $\omega/\omega_n = 1$ では減衰器が付いていないと振幅は非常に大きくなる．これを**共振**（resonance）という．ただし，減衰器が付いているときでは振幅の大きさは式（13.7）から $X/X_0 = 1/(2\zeta)$ と表され，振幅の極大値は減衰比率が大きくなると小さくなる．加振力の周波数が固有振動数よりかなり小さいと，すなわち $\omega/\omega_n \ll 1$ では $X/X_0 \approx 1$ であり，ほぼ静たわみと等しいということがわかる．また，逆に $\omega/\omega_n \gg 1$ では振幅は小さくなることがわかる．位相角は $\omega/\omega_n < 1$ では加振力の振動と同位相であるが，逆に $\omega/\omega_n > 1$ では逆位相となる．また，$\omega/\omega_n = 1$ では減衰の大きさに関係なく位相差は 90° であることがわかる．なお，減衰比率が小さいと共振点を境に位相が急激に変化する（曲線の傾きが共振点で大きい）ことがわかる．

13.3 加振力が伝らないようにするために

図 13.5a) に示されたように質量部分に加振力 $F = A \sin \omega t$ が作用し，系が

$$x = \frac{A}{\sqrt{(k - m\omega^2)^2 + (c\omega)^2}} \sin(\omega t - \varphi) \tag{13.8}$$

の振動を行うものとする．質量部分に加えられた加振力 F がバネとダンパを通じて地面に伝わった振幅 R は，

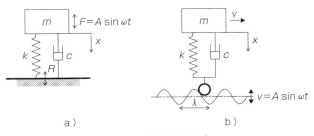

図 13.5 振動の加わり方

$$R = A\sqrt{\frac{k^2 + (c\omega)^2}{(k - m\omega^2)^2 + (c\omega)^2}} \tag{13.9}$$

振動数比および減衰比率を用いて，力の伝達率 T_r は

$$T_r = \frac{R}{A} = \sqrt{\frac{1 + (2\zeta\omega/\omega_n)^2}{\{1 - (\omega/\omega_n)^2\}^2 + (2\zeta\omega/\omega_n)^2}} \tag{13.10}$$

と表される．図13.6は加振周波数に対する伝達率の関係を種々の $\zeta = c/(2\sqrt{mk})$ に対して示したものである．粘性減衰比率のいかんにかかわらず，$\omega/\omega_n < \sqrt{2}$ では $T_r > 1$，すなわち加振力が大きくなって伝わることがわかる．また，$\omega/\omega_n > \sqrt{2}$ では $T_r < 1$ なので，加振力が減衰されて伝わることを意味している．粘性減衰比率 ζ の影響については，減衰がないバネだけでは $\zeta = 0$ のとき，$\omega/\omega_n = 1$ で共振し，加振力が大きくなって伝わる．$\omega/\omega_n < \sqrt{2}$ では粘性減衰比率が大きくなるにつれて共振点付近の伝達率のピーク値は下がる．

すなわち，粘性減衰比率の大きなダンパを使うかバネ強さが弱いもの，もしくは質量が小さいものを使うと伝達率は下がる．逆に，$\omega/\omega_n > \sqrt{2}$ では粘性減衰比率の小さなダンパを使うかバネ強さが強いもの，もしくは質量が大きいも

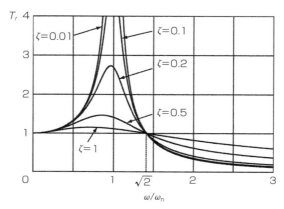

図 13.6 力の伝達率
［入江敏博，小林幸徳，『機械振動学通論第3版』，朝倉書店，2006 より］

13.3 加振力が伝らないようにするために

のを使うと伝達率は下がる．

図 13.5b) に示すように床が凸凹していて，そこを走ることによって強制的に変位が与えられるときのことを考えてみる．これは車が凸凹道を走ったときの簡単なモデルと考えられる．質量部分の変位を x とし，床の凹凸による強制変位を y とすると，バネとダンパの変位は相対変位 $x-y$ となる．したがって，この系の運動方程式は，

$$m\ddot{x} = -c(\dot{x}-\dot{y})-k(x-y)$$

あるいは，

$$m\ddot{x} + c\dot{x} + kx = c\dot{y} + ky \tag{13.11}$$

と書ける．変位が $y = A\sin\omega t$ のとき，式 (13.11) は

$$m\ddot{x} + c\dot{x} + kx = A\sqrt{k^2+(c\omega)^2}\sin(\omega t + \phi) \tag{13.12}$$

$$\phi = \tan^{-1}\frac{c\omega}{k}$$

と表せる．式 (13.12) の右辺は式 (13.4) と同様，この系に $A\sqrt{k^2+(c\omega)^2}\sin(\omega t + \phi)$ の加振力がかかったと見なすことができる．これより，この系の振幅 X は

$$X = A\sqrt{\frac{k^2+(c\omega)^2}{(k-m\omega^2)^2+(c\omega)^2}} \tag{13.13}$$

と表せ，式 (13.9) で与えたものとまったく同じとなる．また，系と加振力の振幅比 X/A は

$$\frac{X}{A} = \sqrt{\frac{1+(2\zeta\omega/\omega_n)^2}{\{1-(\omega/\omega_n)^2\}^2+(2\zeta\omega/\omega_n)^2}} = T_r \tag{13.14}$$

と表せ，これも式 (13.10) で示した伝達率と同じ結果となる．

図 13.5b) の系を車の走行モデルとして，路面の凹凸が車に与える振動を考えてみる．車は一定速度 v [m/s] で走っているものとする．この速度で t 秒間走ると，その走行距離は vt であるから，路面の凹凸による強制変位は

$$y = A\sin\left(\frac{2\pi vt}{\lambda}\right) \tag{13.15}$$

で与えられる．角振動数 $\omega = 2\pi v/\lambda$ であるから，これを式 (13.13) に代入すると，

$$X = A\sqrt{\frac{k^2 + \left(c\dfrac{2\pi v}{\lambda}\right)^2}{\left\{k - m\left(\dfrac{2\pi v}{\lambda}\right)^2\right\}^2 + \left(c\dfrac{2\pi v}{\lambda}\right)^2}} \tag{13.16}$$

が得られる．したがって，車の速度が

$$v = \frac{\lambda}{2\pi}\omega_n = \lambda f_n \tag{13.17}$$

のとき，共振し，揺れが大きくなる．これを**危険速度**（critical speed）という．なお，$f_n = \sqrt{k/m}/(2\pi)$ は車の固有振動数である．

13.4 電気等価回路

　電気回路を構成する基本的要素として，コンデンサ，抵抗器，コイルがある．コンデンサは電荷を貯める容量を表すので，機械システムにおける質量のような性質を持つ．記号は C であり，容量の単位は F（ファラド）である．抵抗器は電流を阻害しエネルギーを熱として放出してしまうものなので，機械システムでいうとダンパに相当する．記号は R であり，抵抗器の単位は Ω（オーム）である．コイルは電流の変化に対して逆向きに電流を発生することから，機械システムにおけるバネの役割がある．コイルを表す記号として L を用い，単位は H（ヘンリー）である．これらのことを利用して，図 13.3 に示した機械システム系を電気回路で表すと，図 13.7 に示すようになる．
　電流が全体で $i(t)$ 流れるとき，コンデンサに流れる電流 i_C，コイルに流れる電流 i_L，抵抗器に流れる電流 i_R はそれぞれ，電圧 $v(t)$ を用いて，

$$i_C = C\frac{dv(t)}{dt}, \quad i_L = \frac{1}{L}\int v(t)dt, \quad i_R = \frac{1}{R}v(t) \tag{13.18}$$

と表される．キルヒホッフの法則から

$$i(t) = i_C + i_L + i_R \tag{13.19}$$

であるので，式 (13.18) の関係を式 (13.19) に代入すると，

13.4 電気等価回路

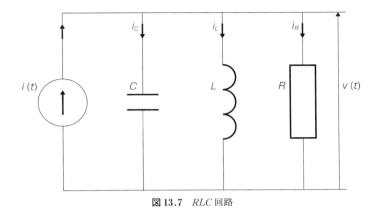

図 13.7 *RLC* 回路

$$C\frac{dv(t)}{dt}+\frac{1}{R}v(t)+\frac{1}{L}\int v(t)dt=i(t) \tag{13.20}$$

と表され，式（13.4）の強制振動の式で $\dot{x}$ に関して書いた次式と同じとなる．

$$m\frac{d\dot{x}}{dt}+c\dot{x}+k\int \dot{x}dt=F(t) \tag{13.21}$$

14 最適化問題

14.1 最適化問題とは

「コストを最小にする」もしくは「利益を最大にする」ためにはどうすればよいのかというのは，工学の進歩が社会の進歩につながることを考えれば重要な知識であることは明らかである．このような問題を**最適化問題**（optimization problem）と呼ぶ[10]．最適化問題は利益に直接関係するという点で重要であるが，それ以外にも多くの自然法則が最適化問題と関連するという意味でも重要である．例えば，ニュートンの運動法則は，ラグランジアンと呼ばれる物理量の積分についての極値問題として定式化できる[11]．

以下では，与えられた関数の最小値を求めること，もしくは最大値を求めることをまとめて**最適化**（optimization）と呼ぶことにする．そして，最適化したい関数を**目的関数**（objective function）と呼ぶ．つまり，目的関数とは，コストもしくは利益を表し，最適化とはコストの最小化もしくは利益の最大化を意味する．最小化と最大化は相反することに見えるかもしれないが，目的関数の符号を逆にするか逆数にするかで同じ問題になるので基本的な扱い方は両者で違いはない．これは，予算という定数を導入すれば，予算からコストを除いた値が利益になることからも理解できる．

最適化問題の解法は，**局所最適化**（local optimization）と**大域最適化**（global optimization）に二分することができる．局所最適化は近傍よりも小さい値（もしくは大きい値）を見つけることを表し，大域最適化は全体で一番小さい値（もしくは大きい値）を見つけることを表す．以下で説明する内容のうち，「微分による最適化」と「最急勾配法」は局所最適化もしくは少数の局所最適化の結果から目的関数の大域最適化を行うことに相当する．「焼きなまし法」は大域

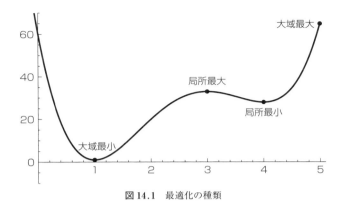

図 14.1 最適化の種類

最適化の近似解を求める方法である．

例を挙げて，局所最適化と大域最適化の違いを確認する．図 14.1 に 1 変数関数 $y=f(x)=3x^4-32x^3+114x^2-144x+60$ のグラフを示した．この関数について，定義域を $0 \leq x \leq 5$ とすると，大域最大となるのは $x=5$ のときで $y=f(5)=65$ である．大域最小となるのは $x=1$ のときで $y=f(1)=1$ である．局所最大は $x=3$ のときで $y=33$ であり，局所最小は $x=4$ のときで $y=28$ である．

14.2　微分による最適化（主に最小自乗法）

単純な例として，目的関数 $y=1-x^2$ の最大値を求める問題を考える．このとき，$y'=0$ を解いて，$x=0$ を得る．この値を元の式に代入して $y=1$ を得る．関数の形からこれが最大値であることは明らかである．このように，目的関数が関数で与えられる場合，その変数についての導関数が 0 になる条件を求めることによって，最適化を行うことができる．

次に，与えられたデータ・セットから，そのデータ・セットを表す関数のパラメータを最適化する問題を考える．そのためには定数であるパラメータを変数と見なし，パラメータの偏導関数がゼロになる条件を求めればよい．ここでは，与えられたデータ・セット $(x_1, y_1), (x_2, y_2), \cdots, (x_n, y_n)$ から最も似た曲線 $y=f(x; a_1, a_2, \cdots, a_m)$ を求める方法である最小自乗法を考える．ここで，$a_1, a_2,$

···, a_n は曲線のパラメータを意味している．データと曲線から推定される点 $(x_i, f(x_i, a_1, a_2, ···, a_m))$ の違いを表す式として残差平方和 S を導入する．

$$S = \sum_{i=1}^{n} \left\{ y_i - f(x_i, a_1, a_2, ···, a_m) \right\}^2 \tag{14.1}$$

この S を最も小さくするパラメータの組 $(a_1, a_2, ···, a_m)$ は，連立方程式，

$$\begin{aligned} \frac{\partial S}{\partial a_1} &= 0 \\ &\vdots \\ \frac{\partial S}{\partial a_m} &= 0 \end{aligned} \tag{14.2}$$

の解である．この連立方程式の解を用いた曲線が元のデータ・セットを最も良く近似する曲線となる．

簡単な例として，曲線が $y = a + bx$ である場合について考える．このとき，残差平方和 S は，

$$S = \sum_{i=1}^{n} \left\{ y_i - (a + bx_i) \right\}^2 \tag{14.3}$$

となり，連立方程式は，

$$\begin{pmatrix} n & \sum_{i=1}^{n} x_i \\ \sum_{i=1}^{n} x_i & \sum_{i=1}^{n} x_i^2 \end{pmatrix} \begin{pmatrix} \widehat{a} \\ \widehat{b} \end{pmatrix} = \begin{pmatrix} \sum_{i=1}^{n} y_i \\ \sum_{i=1}^{n} x_i y_i \end{pmatrix} \tag{14.4}$$

と表すことができる．ここで，a と b が最適な推定値であることを表すために，ハット（＾）を付けて区別している．これを解くと，

$$\begin{pmatrix} \widehat{a} \\ \widehat{b} \end{pmatrix} = \frac{1}{n \sum_{i=1}^{n} x_i^2 - \left(\sum_{i=1}^{n} x_i \right)^2} \begin{pmatrix} \sum_{i=1}^{n} x_i^2 & -\sum_{i=1}^{n} x_i \\ -\sum_{i=1}^{n} x_i & n \end{pmatrix} \begin{pmatrix} \sum_{i=1}^{n} y_i \\ \sum_{i=1}^{n} x_i y_i \end{pmatrix} \tag{14.5}$$

となる．この $\widehat{a}$ と $\widehat{b}$ を用いて描かれた直線 $y = \widehat{a} + \widehat{b}x$ はデータ・セットを最も良く表す直線になっている．第9章の図9.8と図に関する説明も参照してほしい．

ここで指摘しておきたいのは以下の2点である．1つは，最小自乗法による近似式を用いるということは，残差平方和というコスト関数を最小化するパラメータを決定する作業であるということである．もう1つは，コスト関数が定義できれば，最適化したい変数やパラメータで偏微分した値をゼロと等しいとする連立方程式を解くことによって最適解を得ることができるということである．これは最適化問題を解くときに一般的な方法である．しかし，変数の数が多い場合や束縛条件がある場合には，この手法だけでは最適解を得ることができない．そのため，さまざまな方法が提案されている．

14.3 最急勾配法

多変数関数の局所最適化（すなわち，局所最大・局所最小を求める問題）に用いられる解法の1つが最急勾配法である．最急勾配法は「一番急な坂道を登ると（下ると）答えに速くたどりつく」ことを実現している．

以下では局所最大値を求める問題を考える．局所最小値を求める場合には目的関数にマイナスの符号を付ければよい．独立変数の数をnとする．n個の独立変数$x=(x_1, x_2, x_3, \cdots, x_n)$からなる目的関数を$f(x)$と表す．さらに，$f(x)$の勾配$\nabla f(x)$に$x=p$を代入したベクトルを$\nabla f(p)$と表す．$\nabla f(p)$は，点$p$において最も$f(p)$の値が増える方向を表している．

最急勾配法のアルゴリズムは次のとおりである．

1. パラメータλとスタート地点$x=x_0$を適当に与える．
2. 漸化式$x_{n+1}=x_n+\lambda \nabla f(x_n)$を用いて$x_{n+1}$を計算する．
3. 増加分$|x_{n+1}-x_n|$が十分に小さくなるまで漸化式を繰り返す．

すなわち，位置x_nから最も増える方向に$|\lambda \nabla f(x_n)|$だけ動かすことを繰り返して，より大きい地点を目指している．例えば，

$$z=f(x, y)=e^{-x^2+xy-y^2}\cos(5xy) \tag{14.6}$$

の局所最大を求めるプログラムを作る場合は，解析的に

$$f_x(x,y) = \frac{\partial f}{\partial x} = e^{-x^2+xy-y^2}\{(-2x+y)\cos(5xy) - 5y\sin(5xy)\} \quad (14.7)$$

と

$$f_y(x,y) = \frac{\partial f}{\partial y} = e^{-x^2+xy-y^2}\{(x-2y)\cos(5xy) - 5x\sin(5xy)\} \quad (14.8)$$

を得る．点 (x_n, y_n) に増分 $(\lambda f_x(x_n, y_n), \lambda f_y(x_n, y_n))$ を加えて移動することを，増分の大きさが十分に小さくなるまで繰り返す．

14.4　焼きなまし法とネットワークの最適化

　ここでは，大域最適化問題の数値解法の1つである**焼きなまし法**（simulated annealing method）を紹介する．焼きなまし法は大域最適化についての近似解を求めるための方法である．近似解とは，「もっと良い解があるかもしれないがほどほど良い解」を表す．局所最適解の数が多く，すべての局所最適解を比較することができない場合に大域最適化問題の数値解法が用いられる．

　焼きなまし法のアルゴリズムは以下のとおりである．目的関数を $V(x_1, x_2, \cdots, x_i, \cdots, x_n)$ とおく．

1. 初期状態として，変数 $x_1, x_2, \cdots, x_n$ に適当な値を設定する．
2. パラメータ T に大きな正の値を設定する．
3. 変数の中からランダムもしくは順に1つを選び（これを x_i とおく），乱数 ξ を発生させて目的関数の新しい値 $V(x_1, x_2, \cdots, x_i+\xi, \cdots, x_n)$ を計算する．
4. 0以上1未満の一様乱数 η を発生させ，$\exp[\{V(x_1, x_2, \cdots, x_i+\xi, \cdots, x_n) - V(x_1, x_2, \cdots, x_i, \cdots, x_n)\}/T]$ が η よりも小さい場合には，x_i の値として $x_i+\xi$ を採用する．それ以外の場合には x_i の値を変更しない．
5. 3と4の操作を十分に行う．
6. T の値を少し小さくして3に戻る．T の値が十分に小さくなった時点で終了する．

　焼きなまし法が何をしているのかを考えるために，8次関数 $V(x) = (x-2)(x$

14.4 焼きなまし法とネットワークの最適化

$-3)(x-5)(x-9)(x-13)(x-16)(x-17)(x-19)/10000$ の最小値を求める問題を考える．図 14.2 にこの関数の外形を示す．7 つの極値があり，4 つの局所最適解がある．$x=7$ 付近に大域最適解がある．局所最適解の数がこの程度であれば数式処理ソフトを用いて大域最適解を求めることは可能であるが，ここではそれを行わずに先に進める（数式処理ソフトによると，$x=6.98316$ のとき最小値 -51.8449 をとる）．

焼きなまし法の手順に従って，まず x の値を適当な値 a に設定し，$V(a)$ を求める．また，T の値を適当な値に設定する．そして，乱数 ξ を発生させ，$\exp[\{V(a+\xi) - V(a)\}/T]$ を求める．この値と乱数 η の値を比較し，前者の方が低ければ x の値を $a+\xi$ に変更し，そうでなければそのままとする．これを十分に繰り返した後で，T の値を少し減らして同じ作業を繰り返す．T の値が十分に小さくなったところで計算を終了する．

焼きなまし法の本質は，少しぐらい効率が悪くなっても候補が採用されることがあることと，T の値を徐々に小さくしていくことにある．手順 4 では，候補となる目的関数の値が元の値よりも小さい場合には候補が選ばれるのに加え，大きい場合でもその差が小さい場合には選ばれる．これは，「少しぐらい値が悪くなっても試しに選んでみる」ことを意味している．これにより，局所最適解に落ち着かずに別の場所を探すことになる．しかし，この「試しに選んでみる」は T の値が小さくなると少しずつ行われにくくなる．それを確認するために，

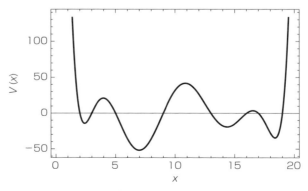

図 14.2　複数の局所最適解を持つ関数の例

今回の目的関数を$1/T$倍した関数を図14.3に示した．図からわかるように，Tの値が大きいときには勾配が緩いために差が出にくく「試しに選んでみる」が起こりやすい．しかし，Tの値が大きくなると，候補値と元の値の差が決定的となって，候補の値が大きい場合には決して選ばれなくなる．焼きなましとは，加熱した鋼を，時間をかけてゆっくりと冷却することによって，鋼の状態を最良にするための手法である．焼きなまし法はこの方法を大域最適化問題に適用したもので，Tが温度，$\exp\{-V(x_1, x_2, \cdots, x_i, \cdots, x_n)/T\}$が自由エネルギーに相当している．

以下では，焼きなまし法の応用例として，ネットワーク（第8章を参照）の最適化問題の1つである**巡回セールスマン問題**（traveling salesman problem）を紹介する．地図上にある複数の点のすべてを通ってスタート地点に戻る問題を考える．すべての2点間でのコスト（移動のための時間もしくは料金）は与えられているものとする．このとき，一番コストを小さくするためにはどのようなルートを選択すればよいだろうか？ n地点の巡回セールスマン問題は，$n!$種類の経路の中から最良の経路を見つける問題であるため，nが大きいときはすべての場合を比較検討することが困難である．そのため，nが大きい場合には，焼きなまし法で近似解を求めることになる．

巡回セールスマン問題の焼きなまし法による解法は以下のようにまとめられる．以下では，P_iがi番目の都市を表すものとし，都市の訪問順序を

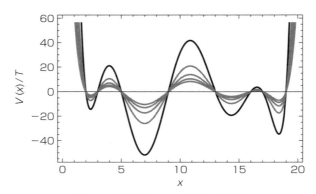

図14.3 目的関数に$1/T$を乗じた関数
太線は$T=1$それ以外は$T>1$である．

$[P_1 P_2 \cdots P_i \cdots P_j \cdots P_n]$ と表す.

1. 初期状態として1つの経路（どんなものでもかまわない）を設定して，目的関数（経路のコスト）$V([P_1 P_2 \cdots P_i \cdots P_j \cdots P_n])$ を求める.
2. パラメータ T に大きな正の値を設定する.
3. ランダムに i 番目の都市と j 番目の都市を選ぶ．そして，その順番を入れ替え，入れ替えた後の経路のコスト $V([P_1 P_2 \cdots P_j \cdots P_i \cdots P_n])$ を計算する.
4. 0以上1以下の一様乱数 η を発生させ，$\exp[-\{V([P_1 P_2 \cdots P_j \cdots P_i \cdots P_n]) - V([P_1 P_2 \cdots P_i \cdots P_j \cdots P_n])\}/T]$ が η よりも小さい場合には，候補の経路を採用する．それ以外の場合には元の経路を残す.
5. 3と4の操作を十分に行う.
6. T の値を少し小さくして3に戻る．T の値が十分に大きくなった時点で終了する.

焼きなまし法で最も重要になるのは T の値の変え方である．これをアニーリング・スケジュールという．広く用いられているのは，等比数列を用いて T（温度）を下げていく方法である．このとき，計算の終盤でゆっくりとアニーリングが行われる．他に T を一定量で減らしていく方法もある.

図14.4 に，36個の格子点を巡回する問題を解いたときのスナップショットを示した．ランダムな経路が与えられてから，徐々に近似解を得るプロセスが

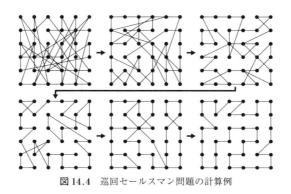

図14.4 巡回セールスマン問題の計算例

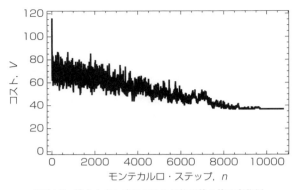

図 14.5 焼きなまし法における目的関数の値の変化例

わかる.各スナップショットは与えられた温度における経路を表している.計算が進むに連れて経路和は小さくなっているように見える(交差が少ない方が値が小さいのは明らか).しかし,よく見ると,部分的に悪い方に変わっていることもあることがわかる.これを確認するために,計算とともに V の値がどのように変化していったのかを図 14.5 に示した.V の値が上下しながら減少していくことが確認できる.ここで,モンテカルロ・ステップとは手順 3 から手順 5 までを 1 回としたときの繰り返し回数のことである.

最終的に得られた経路は最適解ではないことに注意する.焼きなまし法によって得られる解は近似解であり,最適解である場合もあるが,常に最適解が得られるわけではない.

コラム その他の最適化

本章では紹介できなかった最適化問題の解法に遺伝的アルゴリズム(genetic algorithm)がある.遺伝的アルゴリズムは,ある程度の数の解の候補を用意して,その中から良いものを残すことを繰返して近似解を求める.このアルゴリズムの特徴は,繰返しごとに,交叉(一部の入れ替え)や突然変異(局所的な変更)という方法を用いて得られた新しい解と良くなかった解を入れ替えることにある.第 9 章で言及されている機械学習やディープ・ラーニングも「より適した仕組みを作る」という意味で最適化問題であることに注意してほしい.

15 計　　　測

15.1　計　測　と　は

　ロボットによるセンシングや実験による計測は，機械工学・電気工学・物理学・化学といった学問が相互に連携をして実現している．本章では，水や空気の流れを測ることを主なテーマとして進める．ここで「運動を測る」といった場合，何を計測すればよいだろうか．例えば速度や加速度といったものを測れば十分なのであろうか．「何を測るのか」ということは計測をするうえで，最も重要な事柄である．それを見極めて実験や計測の準備をしなくてはならない．ここでは，流体の運動を測るため，速度・加速度・圧力の計測方法を中心に示す．また計測データをコンピュータに取り込むためのアナログデジタル変換（AD 変換）についても示す．

15.2　速　度　の　計　測

◢ 画像解析

　速度の計測といっても測り方は 1 つではない．運動の見た目をもとに調べる画像解析や電気的な特性を利用した方法などが挙げられる．画像処理で最も単純な方法としては，ある単位時間当たりの移動距離を求め，距離を単位時間で割れば速度が導出される．このような関係は図 15.1 のようになる．また速度の時間変化を求めることができれば，そこから加速度を導出することもできる．これは物体の速度・加速度を導き出すための第一歩といえる．では，透明な空気や水の流れを測るためにはどうか．もちろん空気や水の単位時間当たりの移動量がわかれば速度を求めることができる．しかしその移動量を求めることが

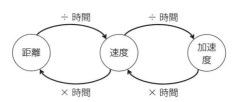

図 15.1 距離・速度・加速度の関係

透明な物体ではできない．

そこで水や空気の運動に追従する比重が同じトレーサー粒子を多くの場合は添加する．このトレーサー粒子は，水の運動を測る場合であれば水素気泡やナイロン樹脂のような気泡や固体粒子を添加する．対象が空気の場合には，水の場合のような固体粒子では比重が大きすぎる．そこで空気では，煙やオリーブオイルの微細なミストによって行われる．こういった流れに追従するトレーサー粒子を添加することにより，流れの可視化（見える化）を行い計測する．ただし添加された粒子 1 つ 1 つの移動量を人が計測するとした場合，すべての粒子の移動量を測るために膨大な時間と労力を要することになる．そこでコンピュータの力を借りることになる．コンピュータを用いた流れ場の解析方法として PIV 法について示す．

◤ PIV 法

PIV は particle image velocimetry の略である．これは時系列に複数枚の画像をカメラにより Δt 間隔で撮影し，そのときの単位時間当たりの粒子の移動量から速度を算出する．この PIV 法の利点は，画像より取得した複数地点において瞬時に計測ができる点である．実験装置としては，図 15.2 に示すとおりシート状に流れ場を可視化するための光源，流れの様子を撮影するためのカメラ，解析用のコンピュータである．シート状の光源を使うことにより，2 次元的な流れ場を計測することができる．したがってシート光を横切るような流れには向かない．そのような場合には，カメラ 2 台を用いるステレオ PIV などのシステムが開発されている．この 2 台のカメラを用いたステレオ方式の計測は，奥行き方向への計測を実現しロボットのセンシングなどでも広く使われている．実際の PIV の解析では，カメラから得られた画像を碁盤の目のように区切る．

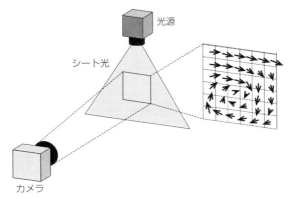

図 15.2 PIV による計測システムの例

この1つのマスには多くの粒子が含まれている．この多くの粒子が Δt 秒後にどこへ移動したかを相互相関により求める．これを Δt 秒ごとに複数回行うことにより，流れに加減速を伴うような非定常な流れ場での計測を実現することができる．したがって流れ場の構造や時間的な変化を測るためには適した方法であるといえる．

この PIV 法は流れ場にトレーサー粒子を添加せねばならないが，非接触で流れ場計測を行うことができる．こういった技術と並んで優れた時間応答性が求められる場面などでは熱線流速計が使われることがある．

◤ 熱線流速計

熱線流速計は，特に乱流状態の流れ場の計測に用いられる．この熱線流速計は時間分解能に優れていることなどが特徴として挙げられる．熱線流速計のセンサは図 15.3 に示すような先端が尖った2本の**電極**（prong）に金属細線が付けられている．金属細線の素材は，タングステンや白金などを用いることが一般的である．このセンサを電気回路の一部品として構成する．この熱線流速計による計測の概要として，ある加熱された金属線に風が当たると，熱が奪われて温度が下がる．このときに電流値を上げて金属線を加熱し温度を一定に保とうと

図 15.3 熱線流速計のセンサの概要図

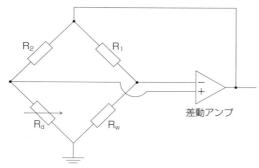

図 15.4 ホイートストーンブリッジによる熱線流速計の回路の例

する．この電流値と流速は関連しているため，この金属線に作用する電流値から流速を測ろうというものである．ここで用いられる電気回路は図 15.4 に示すようなホイートストーンブリッジをもとにした定温度型の回路である．R_w の抵抗として熱線流速計のセンサを組み込む．R_d は可変抵抗である．このブリッジに加える電流の大きさを変化させ，熱線が一定温度となるようにフィードバック制御を行う．このブリッジ回路からの出力を作動アンプで増幅する．

このように熱線流速計では，電気や熱といったことを応用し優れた時間分解能で流体の運動を計測している．また図 15.3 で示したようなセンサでは流れの速さを測ることはできるが，流れの向きを測ることはできない．そこで図 15.5 に示すような X 型センサや I 型センサが開発されている．X 型センサは 4 本の電極と 2 本の金属細線により直交する 2 方向成分の速度を計測できる．それに

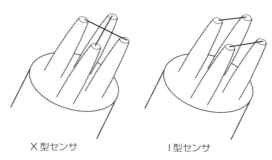

図 15.5 熱線流速計の X 型センサ，I 型センサ

対してI型センサは1方向成分のみの速度計測であるが，2本の金属細線の計測結果から，2点間の速度差といったことを計測できる．これらのセンサを複数合成することにより渦度の計測などを行うことができる．またセンサを複数配置することにより，複数地点での同時計測を行うことができる．ただしセンサの増加や複雑化が進むと較正（キャリブレーション）の工程が煩雑になってしまうといった欠点が挙げられる．

熱線流速計では，図 15.3 に示すようなセンサ一つでは，1 地点の速度計測ができる．レーザーを用いたこのような 1 地点の流速の計測に LDV がある．

◢ LDV

LDV は laser Doppler velocimetry の略である．この計測方法は，トレーサー粒子にレーザー光を投射し，その散乱光のドップラーシフト周波数をもとに流体の速度を計測するものである．**ドップラーシフト周波数**（Doppler shift frequency）とは，光を物体に投射したとき，光が散乱しドップラー効果によりシフトする量のことである．干渉じまを用いた LDV では，図 15.6 に示すように 1 つのレーザー光をビームスプリッタにより分岐し，レンズで集光し 2 つのレーザー光を交差させる．この 2 つのレーザー光が交差している部分が計測領域となる．このときレーザー光は同位相・同波長である．計測領域にはレーザーの交差による干渉じまが形成される．この干渉じまを通過するときに生じるドップラーシフト周波数を計測する．

このように流体の速度計測は，流れの可視化技術とともに発展をした PIV のような方法・電気工学などに基づいた熱線流速計・光学的な観点から進められてきた LDV のような方法がある．これらは計測した内容や状況に合わせて選

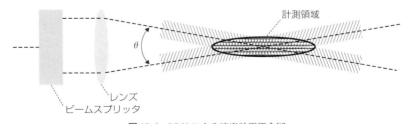

図 15.6　LDV による速度計測概念図

択する必要がある．また各計測方法の原理と関連して，得意とする流れ場がある．それをよく理解して使用しなくてはならない．

15.3 圧力の計測

◾ 圧力とは

　例えば海岸そばのお店で袋入りのスナック菓子を購入し，高い山の山頂まで持って行くとスナック菓子が入った袋はパンパンに膨らんだ状態になる．これは袋にかかる圧力が場所によって変動したために起きている．この圧力は

$$p = \frac{F}{A} \tag{15.1}$$

で表される．ここで F [N] は物体に作用する力，A [m^2] は面積である．したがって圧力 [N/m^2] は，単に単位面積当たりに作用する力でしかないということがわかる．しかし上で示したスナック菓子のように，見た目の変化があれば圧力の大小を感じることはできるが，計測対象が金属などのような硬い物質の場合には見えにくい・測りにくい力になってしまう．

　ここでは速度とは異なり，見た目での計測が難しい圧力の計測手法について示す．この圧力の計測には，流体中では**ベルヌーイの式**に基づいて行われることがある．ベルヌーイの式とは，

$$\frac{\rho u_1^2}{2} + p_1 + \rho g z_1 = \frac{\rho u_2^2}{2} + p_2 + \rho g z_2 = \text{const.} \tag{15.2}$$

で表される．ここで p は圧力，ρ は流体の密度，u は流体の速度，g は重力加速度，z はヘッドである．ヘッドは水頭ともいわれ，液面の高さとして考えてほしい．添字 1，2 はそれぞれ入口，出口を表す．式の第 1 項は流体の運動エネルギー，第 2 項が圧力により流体に与えられるエネルギー，第 3 項は位置エネルギーを表している．これらの総和が一定であることを意味する．したがってこれは，断熱・非粘性・非圧縮な流れにおけるエネルギーバランスを表している．この関係を用いれば，ヘッドの差や速度差をもとに圧力を導出することができる．その例としてマノメーターによる圧力計測を示す．

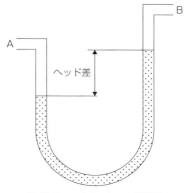

図 15.7 マノメーターの概要図

■ マノメーター

U字管を利用したものを例にマノメーターについて示す（図 15.7）．マノメーターは図の左端 A と右端 B のように 2 つの口を有した管となっている．管の中には，液体が入れられている．この2つの口にかかる圧力の差（差圧）を計測するために用いられる．この差圧によりヘッド差ができる．このヘッド差をもとにベルヌーイの式から，この2つの口の差圧を導出することができる．このような流体の直接的な運動ではなく，ベルヌーイの式で $\rho g z$ の位置エネルギーで考えるように，圧力を水の場合静水圧と呼ぶ．空気の場合には，大気圧と呼ぶ．山の麓と頂上では，z の大きさが変わり大気圧が変わっていることとなる．したがって上で例として示したスナック菓子の袋の膨らみの変化は，大気圧の変動によるものと説明することができる．また標高差がわかれば差圧を算出することができる．

■ ブルドン管

マノメーターはヘッド差をもとに差圧を計測したが，圧力により物体が変形することを利用した計測方法もある．これを利用しているのがブルドン管である．図 15.8 にブルドン管の構造の例を示す．ブルドン管には図のような C 形やうずまき形のような形状のものがある．これは一端が閉じた管となっている．図の P の部分から圧力がかかり，それによって閉じられた管の先端部分が矢印

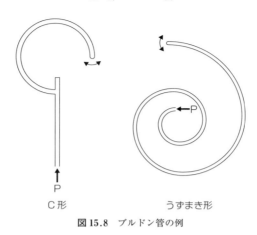

C形　　　　　　うずまき形
図 15.8 ブルドン管の例

のように変形をする．この変形量から圧力を導出する．ブルドン管の形状により，圧力による変形量を大きくしたりする工夫がされている．ただしブルドン管を構成する材料の弾性限界内でしか計測することはできない．このような材料の弾性を利用した機械的な計測方法もある．コンピュータを用いてデジタル化された圧力計測を目にする機会が多いかもしれないが，このブルドン管のような計測方法が生まれ，そこから発展し現代の計測手法へとつながっている．

15.4 アナログデータのデジタル化

本章で示した熱線流速計などの計測技術では，センサからはアナログな電圧の変動によって計測結果が出力される．これをコンピュータに取り込み，デジタルなデータとして保存し解析をすることになる．このアナログデータをデジタル化しコンピュータへ取り込むために，アナログデジタル変換器（ADコンバータ）が用いられる．図 15.9 にセンサからコンピュータにデータを取り込むまでの流れの例を示す．熱線流速計などのセンサで得られたデータは差動アンプなどの増幅器を介しADコンバータ（ADC）を経由しコンピュータへと流れる．

ここでデジタル化について，コンピュータの中では「0」と「1」の2進数で

15.4 アナログデータのデジタル化

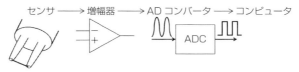

図 15.9 アナログデータのデジタル化の流れ

表されるのに対し，増幅器を介してセンサからは 10 進数のデータとして出力される．そのためコンピュータが読み取れる形式に AD コンバータで変換をする．アナログ入力とデジタル出力の関係を図 15.10 に示す．ここで縦軸はデジタル出力を横軸はアナログ入力を示している．10 進数で表すアナログ入力に対して，2 進数のデジタル出力では「0」と「1」だけで表されている．アナログ入力で 0.1 は，デジタル出力で 001 となり，アナログ入力で 0.2 は，デジタル出力で 010 に変化している．センサの種類によっては，0.15 という値を AD コンバータに送ることができるかもしれない．しかしデジタル出力では 001 と 010 の中間点が存在しないため，アナログ入力された 0.15 という値を厳密に出力できない．したがって図 15.10 のようなハードウェアを用いた場合，センサの性能にかかわらず最小分解能はアナログ入力の 0.1 ということになる．このようなアナログ信号を時系列に AD コンバータを使って読み込んだ例を図 15.11 に示す．縦軸には信号の強度，横軸には時間を示している．この場合，最小分解能は 0.1 である．データを読み込む頻度であるサンプリングタイムは 0.01 秒ごとである．またサンプリングタイムをもとに周波数で表すものをサンプリングレート

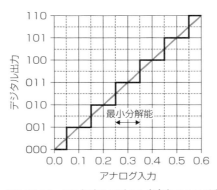

図 15.10 AD コンバータにおけるデジタル出力とアナログ入力の関係

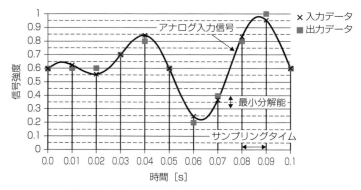

図 15.11　AD コンバータによる時系列データ取扱の例

というが，それは 1/100 秒 = 100 Hz となる．ここで 0〜0.1 秒の間に実線のようなアナログ信号が AD コンバータに入力される．それをサンプリングタイムにより 0 秒から 0.01 秒ごとに 11 点のデータをデジタル化する．AD コンバータに入力されたデータを×印で，出力するデータを■印で示す．デジタル化する際には図 15.10 で示したように最小分解能が関係して入力データと出力データに差が生じている．これが誤差の 1 つとなる．このような誤差を小さくするための方法の 1 つとして，高い分解能でデータを読み込むことである．そうするために第 9 章で示したように bit 数の大きいものを活用する方法がある．

　コンピュータの性能が向上したことで PIV のような画像処理を用いた速度場計測は可能となった．また，AD コンバータによってアナログデータをデジタル化できるようになった．そのようにして計測技術は進歩をしてきた．

参考文献

[1] 前野昌弘,『ヴィジュアルガイド 物理数学〜1変数の微積分と常微分方程式〜』,東京図書,2016.
[2] 中島充博,窪田佳寛,望月 修,魚の尾ひれ形状に模した薄板による推力発生に関する研究,日本機械学会論文集,**82**, 833, 2016, pp.1－11.
[3] 前野昌弘,『ヴィジュアルガイド 物理数学〜多変数関数と偏微分〜』,東京図書,2017.
[4] スタンリー・ファーロウ著,伊理正夫,伊理由美訳,『偏微分方程式—科学者・技術者のための使い方と解き方—』,朝倉書店,1996.
[5] E. A. Anderson and A. A. Szewczyk, Effects of a splitter plate on the near wake of a circular cylinder in 2 and 3-dimensional flow configurations, *Experiments in Fluids*, **23**, 1997, pp. 161-174.
[6] H. Sakamoto and H. Haniu, A study on vortex shedding from spheres in a uniform flow, *Transaction of the ASME*, **112**, 1990, pp. 386-392.
[7] 岡田義浩,農沢隆秀,坪倉 誠,中島卓司,自動車の高速操舵走行時の安定性に寄与する車体周りの非定常流れ特性,日本機械学会論文集,**80**, 809, 2014, pp. 1-17.
[8] 小川重義,『シリーズ〈金融工学の基礎〉6 確率解析と伊藤過程』,朝倉書店,2005.
[9] Warjito,望月 修,石川 仁,単気泡の分裂とそれによる音,ながれ,**21**, 2002, pp.165-172.
[10] 田村明久,村松正和,『最適化法』,共立出版,2002.
[11] 山本義隆,『朝倉物理学大系1 解析力学Ⅰ』,朝倉書店,1998.

索引

欧文

ADC 150
ADコンバータ 150
AI 91, 114
CAD 106
CAD/CAM 108
CAE 108
CAM 107
CAPP 107
CNC 109
CPS 94, 114
FA 106
FMS 110
Industrie 4.0 94, 113
IoT 80, 94, 113
JIT 111
LDV 147
NC 109
P2P型 80
PDCAサイクル 113
PIV法 144
SCM 112

ア行

圧力 38
　──の計測 148
アナログデータ 150
アニーリング・スケジュール 141

位相角 128
位置 2
一次エネルギー 14
一様分布荷重 97
色の三原色 86

渦 44
渦放出音 116
打ち切り誤差 73

運動 1
運動方程式 1
運動量 3

エッジ 76
エロージョン 123
エンジン 9, 20
エンタルピー 19, 20
エントロピー 23

オイラーグラフ 76
オイラー・丸山法 61
往復運動 12
音 115
オルンシュタイン・ウーレンベック過程 61

カ行

回帰 92
外積 5
解析解 27
改善 111
解像度 88
階調 87
回転運動 1, 4
角運動量 5
拡散方程式 32
角速度 4
確率微分方程式 60
確率分布 90
過減衰 126
風上差分法 73
加振力 129
画像解析 143
画像データ 85
加速度 2
加法混色 86
カルノーサイクル 22
カルマン渦列 44, 116
環境 112

慣性モーメント 5, 100
完全放射体 18
カンバン方式 111

機械学習 91, 114
危険速度 132
ギブスのエネルギー 24
キャビティ音 118
キャビテーション 123
境界条件 30
境界層流れ 49
境界適合格子 67
共振 129
強制振動 127
強制対流熱伝達 17
局所最適化 134
極断面係数 103
許容せん断応力 103

空気抵抗 49
空力騒音 52
クラジウスの不等式 23
クラスター係数 84
グラフ 76
グラフ理論 76
繰り返し計算 71

形状抵抗 45, 49
計測 143
減法混色 86

格子生成 66
工場 104
高スケーラビリティ 80
剛性率 98
構造格子 67
構造体 95
剛体 1, 2
黒体 18

索　引

サ 行

最急勾配法　137
最小自乗法　135
最適化　134
　微分による――　135
最適化問題　134
サプライチェーンマネージメント　112
差分法　67
3R　113

軸仕事　10
軸仕事率　10
軸対称流れ　56
仕事　4
仕事率　4
四重極子音　115
次数　76
自然対流　17
自然対流熱伝達　17
質量保存則　34
質量流量　35
自動化　111
自発的変化　23
自由振動　125
終端速度　57
巡回セールスマン問題　140
準創成方式　107, 108
人工知能　91
親水性　37
浸透流　59
振幅倍率　128, 129

垂直応力　98
垂直力　96
数値解析　65
数値処理　89
スケール　7, 8
スケールフリーネットワーク　82
スター型ネットワーク　79
ストークス流れ　55
　球の周りの――　57
ストローハル数　45, 117
スモールワールドネットワーク　83

正規分布　90
生産システム　104
生産性　104
接触角　37
せん断応力　98
せん断ひずみ　98
せん断力　96
せん断力図　97
専用工作機械　110

双極子音　115
相似則　64
創成方式　107, 108
層流　65
層流はく離　45
層流翼　119
速度　2
　――の計測　143

タ 行

大域最適化　134
代数方程式　66
体積流量　36
タイヤ騒音　120
対流熱伝達　15, 17
多孔質流れ　59
縦弾性係数　98
ダルシー則　59
単極子音　115
単純曲げ　98
断熱不可逆膨張　23
断面係数　99
断面二次モーメント　99, 100

力　4
　――の伝達率　130
　――のモーメント　6
中心差分　68
調和振動　127
直交座標格子　66

つながる工場　113
釣り合い　95
ツリー型ネットワーク　79

抵抗係数　43, 48
　円柱の――　45
　球体の――　47

ディープラーニング　93
ディリクレ条件　30
低レイノルズ数流れ　55
デシジョンテーブル方式　107
デジタル化　150
電気等価回路　132
電極　145

等温不可逆膨張　23
動粘性係数　45
動力　9
ドップラーシフト周波数　147
トルク　10, 102

ナ 行

内部エネルギー　19
流れ　43
　円柱周りの――　44
　球体周りの――　46
　車周りの――　49
ナビエ・ストークス方程式　55

二次エネルギー　14
ニューラルネットワーク　93

ねじり剛性　102
ねじりモーメント　102
熱　15
熱線流速計　145
熱伝導　15, 16
熱伝導方程式　25, 26
熱伝導率　16, 25
ネットワーク　74
　――の最適化　138
熱力学　15
熱力学第一法則　19
熱流束　16
熱流束密度　16, 25
粘性係数　45, 57
粘性減衰系　125
粘性減衰振動　126
粘性減衰比率　127
燃費計算　52

ノイマン条件　30
ノギス　7, 8
ノード　76
ノード間距離　82

ハ 行

白色ノイズ 60
はく離 45
はく離音 119
はく離流れ 49
バス型ネットワーク 79
パーセプトロン 93
撥水性 37
ハブ 79, 82
ハミルトングラフ 77
梁 98
パワー 4, 9
半オイラーグラフ 76
汎用工作機械 110

非圧縮性流れ 36
非圧縮性流体 55
光の三原色 86
非構造格子 67
ひずみ 98
ビッグデータ 94, 114
ビットマップ形式 85
標準ウィーナー過程 60
標準偏差 89
表面張力 36

ファクトリーオートメーション 106
フェアリング 51
フォッカー・プランク方程式 61
沸騰 122
ブラウン運動 59, 60
フーリエ級数 29
フーリエの法則 25
フリッツの式 123

浮力 39
ブルドン管 149
フレキシブル生産システム 110
分類 93

平均値 89
並進運動 1, 2
ベクトル形式 85
ベルヌーイの式 35, 148
偏微分 32
偏微分方程式 32, 65

放射 15, 18

マ 行

マイクロジェット 123
マイクロメータ 8, 9
マクロ 59
曲げモーメント 96
曲げモーメント図 97
摩擦係数 49
摩擦抵抗 40
マノメーター 149
丸め誤差 73

見える化 111
ミクロ 59

メッシュ型ネットワーク 79

毛細管現象 37
目的関数 134
モノのインターネット 80, 94
モーメント 11, 95

ヤ 行

焼きなまし法 138
ヤング率 98

有限体積法 68, 69
有限要素法 68
有効数字 6

揚力 40
揚力係数 43
横弾性係数 98

ラ 行

ラプラシアン 26
ランジュバン方程式 60
乱流 65
乱流境界層騒音 119
乱流はく離 45

離散化 66, 67
粒径分布 57
流跡線 40
流線 40
流線型 43
流体 34
流脈線 40
臨界減衰 126
臨界レイノルズ数 47
リング型ネットワーク 78
リンク機構 12

レイノルズ数 44
レジリエンス 111
レジリエント 112
連続の式 35

著者略歴

窪田佳寛(くぼたよしひろ)
- 1980年 東京都に生まれる
- 2011年 東洋大学大学院工学研究科博士後期課程修了
- 現　在 東洋大学理工学部機械工学科准教授
　　　　博士（工学）

吉野　隆(よしのたかし)
- 1966年 千葉県に生まれる
- 1994年 筑波大学大学院工学研究科博士後期課程修了
- 現　在 東洋大学理工学部機械工学科教授
　　　　博士（工学）

望月　修(もちづきおさむ)
- 1954年 東京都に生まれる
- 1982年 北海道大学大学院工学研究科博士後期課程修了
- 現　在 東洋大学理工学部生体医工学科教授
　　　　工学博士

きづく！つながる！機械工学　　　　定価はカバーに表示

2018年2月20日　初版第1刷

　著　者　窪　田　佳　寛
　　　　　吉　野　　　隆
　　　　　望　月　　　修
　発行者　朝　倉　誠　造
　発行所　株式会社　朝　倉　書　店
　　　　　東京都新宿区新小川町6-29
　　　　　郵便番号　162-8707
　　　　　電　話　03(3260)0141
　　　　　FAX　03(3260)0180
　　　　　http://www.asakura.co.jp

〈検印省略〉

© 2018〈無断複写・転載を禁ず〉　　新日本印刷・渡辺製本

ISBN 978-4-254-23145-8　C 3053　　Printed in Japan

JCOPY 〈(社)出版者著作権管理機構 委託出版物〉

本書の無断複写は著作権法上での例外を除き禁じられています．複写される場合は，そのつど事前に，（社）出版者著作権管理機構（電話 03-3513-6969，FAX 03-3513-6979，e-mail: info@jcopy.or.jp）の許諾を得てください．

日本機械学会編　横国大 森下　信著
知って納得！　機械のしくみ
20156-7　C3050　　　A5判 120頁 本体1800円

どんどん便利になっていく身の回りの機械・電子機器類――洗濯機・掃除機・コピー機・タッチパネル――のしくみを図を用いてわかりやすく解説。理工系学生なら知っておきたい，子供に聞かれたら答えてあげたい，身近な機械27テーマ。

前千葉大 夏目雄平著
やさしく物理
――力・熱・電気・光・波――
13118-5　C3042　　　A5判 144頁 本体2500円

理工系の素養，物理学の基礎の基礎を，楽しい演示実験解説を交えてやさしく解説。〔内容〕力学の基本／エネルギーと運動量／固い物体／柔らかい物体／熱力学とエントロピー／波／光の世界／静電気／電荷と磁界／電気振動と永遠の世界

東洋大 望月　修著
図解 流体工学
23098-7　C3053　　　A5判 168頁 本体3200円

現実の工学および生活における身近な流れに興味を抱くことが流体工学を学ぶ出発点である。本書は実に魅力的な多数のイラストを挿入した新タイプの教科書・自習書。また，本書に一貫した大テーマは流体中を運動する物体の抵抗低減である。

芝浦工大 大倉典子編著
「かわいい」工学
20163-5　C3050　　　A5判 184頁 本体2500円

諸領域の学生および製品開発に携わる・興味のある一般読者向けの感性工学の入門書。〔内容〕文化的背景／「かわいい」人工物の系統的計測・評価方法／「かわいい」感の生体信号による計測と分類／「かわいい」研究の応用／他

岐阜高専 柴田良一著
オープンCAEで学ぶ 構造解析入門
――DEXCS-WinXistrの活用――
20164-2　C3050　　　A5判 192頁 本体3000円

著者らによって開発されたオープンソースのシステムを用いて構造解析を学ぶ建築・機械系学生向け教科書。企業の構造解析担当者にも有益。〔内容〕構造解析の基礎理論／システムの構築／基本例題演習（弾性応力解析・弾塑性応力解析）

東北大 高　　偉・東北大 清水裕樹・東北大 羽根一博・
東北大 祖山　均・東北大 足立幸志著
Bilingual edition 計測工学 Measurement and Instrumentation
20165-9　C3050　　　A5判 200頁 本体2800円

計測工学の基礎を日本語と英語で記述。〔内容〕計測の概念／計測システムの構成と特性／計測の不確かさ／信号の変換／データ処理／変位と変形／速度と加速度／力とトルク／材料物性値／流体／温度と湿度／光／電気磁気／計測回路

前名大 入江敏博・北大 小林幸徳著
機械振動学通論（第3版）
23116-8　C3053　　　A5判 248頁 本体3600円

大好評を博した旧版を全面的に改訂。わかりやすい例題とていねいな記述を踏襲。〔内容〕振動に関する基礎事項／1自由度系の振動／他自由度系の振動／連続体の振動／非線形振動／ランダム振動／力学の諸原理と数値解析法／問題の解答

前京都大 小森　悟著
流れのすじがよくわかる 流体力学
23143-4　C3053　　　A5判 240頁 本体3600円

機械工学，化学工学をはじめとする多くの分野の基礎的学問である流体力学の基礎知識を体系立てて学ぶ。まず流体の運動を決定するための基礎方程式を導出し，次にその基礎方程式を基にして流体の種々の運動について解説を進める。

東北大 成田史生・島根大 森本卓也・山形大 村澤　剛著
楽しく学ぶ 材料力学
23144-1　C3053　　　A5判 152頁 本体2300円

機械・材料・電気系学生のための易しい材料力学の教科書。理解を助けるための図・イラストや歴史的背景も収録。〔内容〕応力とひずみ／棒の引張・圧縮／はりの曲げ／軸のねじり／柱の座屈／組み合わせ応力／エネルギー法

広島大 松村幸彦・広島大 遠藤琢磨編著
機械工学基礎課程
熱力学
23794-8　C3353　　　A5判 224頁 本体3000円

機械系向け教科書。〔内容〕熱力学の基礎と気体サイクル（熱力学第1，第2法則，エントロピー，関係式など）／多成分系，相変化，化学反応への展開（開放系，自発的状態変化，理想気体，相・相平衡など）／エントロピーの統計的扱い

上記価格（税別）は2018年1月現在